U0616411

森林火灾立体监测体系
建设与应用实践

周仿荣 文 刚 马 仪 钱国超 吴 磊◎著

西南交通大学出版社
·成 都·

图书在版编目（CIP）数据

森林火灾立体监测体系建设与应用实践 / 周仿荣等著. -- 成都：西南交通大学出版社，2024. 6. -- ISBN 978-7-5643-9865-1

Ⅰ. S762.2

中国国家版本馆 CIP 数据核字第 2024ZU0615 号

Senlin Huozai Liti Jiance Tixi Jianshe yu Yingyong Shijian
森林火灾立体监测体系建设与应用实践

周仿荣　文　刚　马　仪　钱国超　吴　磊 / **著**

责任编辑 / 余崇波
封面设计 / 原谋书装

西南交通大学出版社出版发行

（四川省成都市金牛区二环路北一段 111 号西南交通大学创新大厦 21 楼　610031）
营销部电话：028-87600564　　028-87600533
网址：http://www.xnjdcbs.com
印刷：成都市新都华兴印务有限公司

成品尺寸　185 mm×240 mm
印张　10.75　字数　191 千
版次　2024 年 6 月第 1 版　　印次　2024 年 6 月第 1 次

书号　ISBN 978-7-5643-9865-1
定价　88.00 元

课件咨询电话：028-81435775
图书如有印装质量问题　本社负责退换
版权所有　盗版必究　举报电话：028-87600562

《森林火灾立体监测体系建设与应用实践》

编 委 会

主要著者: 周仿荣　　文　刚　　马　仪　　钱国超
　　　　　　吴　磊

其他著者: 沈　龙　　张　辉　　徐　真　　高振宇
　　　　　　王开正　　王国芳　　马御棠　　王雷光
　　　　　　洪　亮　　徐伟恒　　潘　浩　　耿　浩
　　　　　　曹　俊　　王一帆　　马宏明　　周兴梅
　　　　　　龙云峰　　邹德旭　　彭兆裕　　代维菊
　　　　　　陈海东　　何　顺　　邱鹏锋　　代泽林
　　　　　　朱龙昌　　杨杰琼

前 言
PREFACE

云南省是林草资源大省，是全国重点林区，林地面积、森林面积、森林覆盖率、森林蓄积量均居全国前列，全省 129 个县（市、区）中有 122 个被国家区划为森林火灾高危区和高风险区，是全国森林草原防火重点省份。

近年来，由于云南省降水偏少、火险等级高、易燃植被比例大、野外火源难管、边境火灾难控、地形复杂难扑救等原因，森林火灾成为云南省常态型的自然灾害，其发生面广、突发性强、破坏性大、处置救助十分困难，使得云南省被列为全国森林防火重点省区之一。受冬干春旱、复杂地理条件及丰富森林资源、沿袭性和习俗性野外生产生活用火活动等因素影响，云南省发生的森林火灾呈现出点多、线长、面广等特点，灾情极为复杂。

因此，及时有效地发现森林火灾并采取有效的措施避免森林火灾快速蔓延，就起到至关重要的作用。自 2018 年以来，云南省电网大力推广利用遥感卫星、视频监控、图像识别等高精尖技术并结合信息化的管控平台，建立多维度多层级的立体管控体系并取得初步成效，因此本书作者收集并整理了云南省电网在防山火方面已开展的相关工作，可为森林防火相关研究人员提供参考。本书由周仿荣、文刚、马仪、钱国超、吴磊等共同编写，其中第一章至第四章由周仿荣编写；第五章由文刚编写；第六章由马仪、钱国超、王国芳等编写；第七章由耿浩、曹俊等编写；全书最后由文刚、周仿荣定稿。编写本书的目的是全面介绍卫星遥感技术、视频监控以及护线员等多种措施以应对森林火灾，旨在推动卫星遥感技术、视频监控以及立体化防控机制在森林火灾监测方面的深化应用。本书可供从事森林火灾防控的相关技术人员和运维人员使用，也可作为高等院校相关师生的参考用书。

在本书的编写过程中，查阅了大量的书籍、论文等资料，在此对相关文献的作者表示衷心的感谢。同时，由于遥感技术与防火领域的应用属于交叉学科，涉及的理论知识和分析方法较广，加之作者编写水平有限，书中论述不足之处在所难免，恳请广大读者批评指正。

作　者

2024 年 5 月

目 录
CONTENTS

第1章　概　述 ……………………………………………………… 001

1.1　云南省的森林火灾的特点 …………………………………… 001

1.2　针对山火的监测手段 ………………………………………… 002

1.3　云南省山火监测研究的重要意义 …………………………… 004

1.4　卫星遥感技术应用于云南省山火监测的前景 ……………… 004

1.5　小　结 ………………………………………………………… 005

第2章　云层特征情况 ……………………………………………… 006

2.1　云层对山火遥感监测的影响 ………………………………… 006

2.2　云像元引起的山火漏检与误检现象 ………………………… 006

2.3　云识别研究方法现状 ………………………………………… 007

2.4　云层分类 ……………………………………………………… 011

2.5　云南省云特征分析 …………………………………………… 013

第3章　云层识别方法及原理 ……………………………………… 016

3.1　云层对太阳辐射的影响 ……………………………………… 016

3.2　云识别物理基础 ……………………………………………… 017

3.3　云识别典型波段 ……………………………………………… 018

3.4　物理机理与极端随机树结合（PM-ET）云识别模型 ……… 019

3.5　样本数据集构建 ……………………………………………… 030

3.6　机器学习方法 ………………………………………………… 035

3.7　模型调优过程 ………………………………………………… 038

第 4 章　云识别结果验证与分析 ···043

4.1　定量验证方法 ··043

4.2　基于定量验证结果的模型选择 ··················044

4.3　基于 CALIPSO 云产品的对比验证 ············046

4.4　与其他研究学者结果对比 ······················048

第 5 章　山火卫星监测和预警方法 ···057

5.1　山火监测手段 ··057

5.2　火点反演物理理论 ··059

5.3　火点反演分析 ··063

5.4　卫星火点监测研究现状 ····································068

5.5　研究区域与数据源 ··074

5.6　基于多通道卷积神经网络（MC-CNN）的山火检测算法··········083

第 6 章　基于深度学习的视频监控山火智能识别方法研究 ············106

6.1　引　言 ··106

6.2　山火监测难点与研究现状 ································108

6.3　技术背景 ··110

6.4　视频烟雾识别原理 ··116

6.5　基于深度学习的视频监控山火智能识别方法 ··········118

6.6　双编码与交叉注意力的模型 ··························124

6.7　多任务门控循环网络模型 ·· 127

6.8　火灾算法实验与分析 ··· 136

6.9　类间相似性分析 ··· 144

6.10　野外场景火灾监控测试 ·· 145

第 7 章　基于多源卫星数据及地面监控数据的立体化协同防山火预警机制研究 ··149

7.1　概　述 ··· 149

7.2　基于多源卫星数据及地面监控数据的立体化协同防山火预警机制 ········· 150

参考文献 ·· 160

第1章 概 述

1.1 云南省森林火灾的特点

云南省位于中国西南部，地势呈现西北高、东南低的特点，地处典型的高原热带季风气候区域。每年11月到次年4月受热带大陆干热气团控制，热量充足，在此期间降水量仅为全年降水量的五分之一，易于引发森林火灾。云南省占地面积约39万 km^2，主要以山区、林区为主，植被极度丰富，极易引发森林火灾[1]。

自古以来，云南省森林覆盖广，而随着政府开展退耕还林以及人们对森林保护的意识增强，生态环境得到了改善，森林覆盖率从2005年的40.8%增加到2019年的62.4%，十几年间森林覆盖率增加21.6%，2019年森林总面积已经达到了2 273.56万 $km^{2[2]}$。云南省地貌波动起伏，山高谷深，河川纵横，坝子多、湖泊多，以及喀斯特地貌的广泛分布，兼有寒、温、热三带气候，立体气候特点突出，森林空间分布独特，造就了云南省山林火灾非常严重的特点。特别是在春夏季节，由于气温高、空气干燥、大风等原因森林火灾比较严重。

根据统计资料得知，云南省2004—2014年共发生森林火灾4 724次，其中，已查明的火源4 039次，占85.50%，在已查明的火源中生产性用火（1 848次，占39.12%）和非生产性用火（1 965次，占41.60%）都是人为所致，合计发生3 813次火灾，占80.72%，人为火源成为云南省森林火灾主要原因。从数据表明，云南省生产性火源和非生产性火源都是森林火灾的主要原因，但非生产性火源比重更大，比生产性火源高出2.48个百分点。人为火依然成为云南省森林火灾的重要因素，非生产性火源占大量比重[3]。

通过图1.1可以看出云南省2004—2014年各年森林火灾次数。生产性火源、非生产性火源呈现出相同的变化趋势，说明云南省森林火灾发生直接的原因为人为火源控制，人为火对云南省森林火灾呈现主导作用。

经过统计，2017年MODIS卫星监测到云南省境内热点像元3 316处；2018年

MODIS 卫星监测到云南省境内热点像元 3 823 处；2019 年 MODIS 卫星监测到云南省境内热点像元 5 151 处。2017 年 NPP 卫星监测到云南省境内热点像元 21 814 处；2018 年 NPP 卫星监测到云南省境内热点像元 24 990 处；2019 年 NPP 卫星监测到云南省境内热点像元 27 850 处。2017—2019 年，热点像元呈现逐步增长的趋势，并且主要集中在文山州东北部以及红河州西北部区域，其次主要分布在普洱、西双版纳和丽江等区域。

图 1.1　云南省生产性火源和非生产性火源次数的年际变化

云南省森林火灾高发主要有两个方面的原因：一方面，云南省地处亚热带季风气候，全年干湿季节分明，雨季为 5—10 月，集中了 85% 的降雨量，干季为 11 月—次年 4 月，降水量只占全年的 15%；另一方面，2020 年云南省林地面积为 2.6 $\times 10^5 \, km^2$，森林覆盖率为 60.3%，全省近 95% 的县市区被国家列为森林火灾高危区和高风险区。

1.2　针对山火的监测手段

由于人类生存对森林资源有着不可或缺的依赖性，因此无论国内还是国外政府都在山火监测上投入了大量的研究，主要技术有常规的人工巡检、瞭望塔观测和巡逻飞机巡视，以及不断发展和兴起的基于视频的监测技术和基于卫星遥感的监测技术。常规的基础方式监测的效果虽然准确率高，但是受限于各种天气、地形的特定条件的影响，加上需要人工反复确认，不仅花费大量的人力物力，更会增加监控人员错误率。随着科技进步，更多的新兴技术正逐渐走进山火预警领域。

1. 人工巡护

人工巡护的方式主要有两种：一是护林员在树林间进行巡逻，称为地面巡护；另一种是护林员在瞭望塔上观察所要监测的森林区域，称为瞭望塔监测。在瞭望塔上进行观察时护林员的视线会受监测区域的地势以及树木影响，导致无法观察到全区域，而护林员进入到林区巡逻则正好能够与瞭望塔监测形成互补。人工巡护的方式相对于其他森林火灾监测方式简单方便，但是该方法的重点在于护林员，是人直接参与的，而人为的不可控因素太多，因此虽然该方法简单方便，但不一定能够达到预期效果。此外，若是主要采用人工巡护的方式来进行森林火灾监测则就需要较多的人力和物力，同时还需要长期且巨大的财力支撑。

2. 航空巡护

航空巡护的方式一般都需要配备特定的直升机或者固定翼飞机，让其在所要监测的森林区域上空巡回观察，如果发现有火灾发生的情况就需要及时向自己上级或者当地林业部门进行反映。航空巡护的方式主要用于没有较为先进设备且位置较偏的地区。采用这种方法进行森林火灾的监测具有较大的缺点：一方面需要投入过多的人力、物力以及财力；另一方面则是天气状况会对该方法有较大的影响，无法实现实时全天候监测。

3. 视频监控

视频监控首先将需要监测的森林区域分成一些相对较小的区域，然后再在区域内以合理的布局装上摄像头来监测该区域。该方法能够覆盖的面积较大，能够实现在室内完成对目标森林区域的全天候监测。当监控室内的监控人员发现异常情况时就可以做出相应的防范，同时该方法也能够防止森林被人为地破坏。但是采用该方法监控时需要监控室内的监控人员拥有较好的工作状态。此外该方法对摄像头的要求较高，如果摄像头不能识别火光与夕阳、烟雾与白云等相似但又不同的图像信息时，就会影响监测的可靠性。

4. 卫星遥感探测

卫星遥感探测，俗称"3S"技术，是遥感探测技术、全球定位系统和地理信息系统的结合。当监测的森林区域有火灾发生时，使用遥感设备对该区域的热红外遥感图像进行捕捉，然后根据全球定位系统提供的信息对火灾发生的位置进行定位，得到位置后着重对该区域进行三维数据的测量，最后综合所有信息进行分析，判断出起火点位置以及火灾的蔓延速度。采用这种技术也存在一定缺点，比如卫星遥感捕捉到的热红外图像分辨率不够高，进行扫描的周期太长等。同时，不同的天气状况也会对卫星遥感技术产生不同程度的影响，采用卫星遥感技术也不能全天候进行监测，会存在部分时间无法监测的情况[4-7]。

1.3 云南省山火监测研究的重要意义

云南省属低纬度内陆地区，北回归线横贯南部，地势呈西北高、东南低，自北向南呈阶梯状逐级下降，为山地高原地形，山地面积占全省总面积的 88.64%，云南省气候基本属于亚热带和热带季风气候，滇西北属高原山地气候。

从自然资源来看，云南省拥有丰富的矿产资源、生物资源、水资源和能源资源。其中，就电力能源来说，云南省虽然没有核电站，但拥有怒江、金沙江、澜沧江等大江流域，蕴藏着丰富的水电资源，经过几十年的开发，成为了水电大省。2020 年云南省水力发电量为 2 960 亿 kW·h，位居全国水力发电量地区第二名。水电为主的电力是云南省第 5 大支柱产业，在西电东送战略中起着主力军的作用。

但是，云南省也属于全国高火险区域，每年发生的火灾次数多、受害面积较大。由于特殊的地理气候条件，云南省交通、通信不便，很多地方人迹罕至，火情的发现、处置面临诸多困难，是全国森林火灾控制、处置最难的地区。由于高山的特殊生态环境，可燃物复杂且多变，易发生火行为的突然改变，同时，高山火灾的发生与蔓延具有非常特殊的规律，这些特点使得森林火灾的处置更具复杂性、危险性。

1.4 卫星遥感技术应用于云南省山火监测的前景

云南省水电多集中在西部（包括西北部、西南部）以及东北部等边缘区域。在传统的山火监测工作中，监测人员在眺望塔进行实地观测，并结合飞机巡航和砍伐输电线路的隔离带的方式，虽然在一定程度上有效避免了火势的扩散，但是由于监测成本较高，花费人力和物力大，监测得到的火情数据结果不精确，很难在火灾发生过程中给出正确的灭火措施。

近几十年来，卫星遥感技术的发展，使得其广泛应用在山火监测的工作中，上述问题有了明显的改善。高低轨卫星组网监测具有观测频率高，覆盖范围大，节省成本和人力的特点，可以实时监控着火过程、燃烧方向、着火点的具体位置，计算着火面积等，可以有效地改善火灾的监控和预警能力，解决了传统方法所存在的不足。

综上所述，与传统监测方法相比，卫星遥感技术在山火监测方面发挥巨大作用，发展空间非常广阔，具有很高的理论研究价值和广阔的应用前景。

1.5　小　结

在我国东西部资源、经济发展不均衡的大背景下，国家电网和南方电网均采用了特高压架空输电线路方式解决以上问题，这些措施不可避免地会遭受各种自然灾害，其中具有蔓延速度快、爆发时间集中等特点的山火引起的输电线路跳闸事故频繁发生。一方面山火对电网的稳定运行造成了严重影响，其次云南省也是森林火灾的高发地，因此研究云南省山火火点初期的监测告警技术，对电网安全可靠运行具有重要意义。

目前针对山火的监测手段主要有人工巡护、航空巡护、视频监控以及卫星遥感探测，在监测范围、监测频次、监测效果以及成本上这些手段各具优势。

第 2 章　云层特征概况

2.1　云层对山火遥感监测的影响

云通过太阳辐射等作用影响气候系统，对大气系统中的辐射能的吸收和反射起着重要的作用。在遥感应用中，因云遮挡使得大量的遥感数据利用率降低。根据全球云量数据显示，地球上约有 2/3 的面积被云层覆盖。云的存在及其覆盖程度可能会影响大多数依赖光学卫星图像的完整性和应用价值，从而对分析图像和提取信息产生偏差。因此，云是阻挡遥感信号传输的最大因素。然而现阶段使用的火灾监测卫星传感器都是光学传感器，不具有微波传感器对云有强烈的穿透作用的功能[8-11]。所以，为了提高探测的效率和减少不必要的成本，在后续的图像处理和分析中，云的识别是首要的出发点。

在火点监测中，云的存在不仅会对地面真实的地物信息进行遮挡，降低遥感图像的质量，还会影响火点监测算法的精度。当地表发生山火时，对应区域上空云层中的云粒子对近红外信号会产生吸收、散射和反射等作用，导致卫星接收到的信号强度降低，同时，云粒子的散射作用也会导致信号的强度分布发生变化，特别是在云边缘区域。因此云层对地表山火信号在卫星上的表现造成极大干扰，使卫星难以对山火进行有效监测。云的有效识别能显著改善地表山火监测中的漏检和误检现象[12]。

2.2　云像元引起的山火漏检与误检现象

在卫星探测火点时，云是阻挡遥感信号传输的最大因素。现阶段使用的火灾检测的传感器为光学传感器，不具备微波传感器穿云透雾的功能，因此在云层覆盖时，卫星难以监测到火灾的发生。

卫星火点监测算法的核心主要是根据目标像元亮温与背景亮温（见图 2.1）的差

异大小来判断像元是否含有火点。背景亮温代表的是当前像元在没有外界干扰下的真实亮温。当某个像元的当前亮温与背景亮温差值较大（阳性干扰）时，可以认为外来的扰动因素已经改变了这个像元的亮温属性，即存在火点。目标像元的当前亮温可以通过传感器观测而来，但是背景亮温不能直接观测，只能通过估计。因此，背景亮温预测的准确性是火点监测精度保证的最重要的基础。

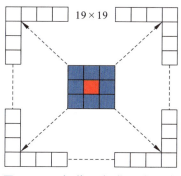

图 2.1　目标像元与背景窗示意

云像元普遍亮温较低，若背景窗存在云像元干扰，则会拉低背景窗亮温，使低亮温的云像元参与背景亮温计算，造成基于空间的算法的不准确、不可靠，最终提高目标像元亮温与背景亮温之间的差异，误以为存在火点，增加火点误检率。

因此，在实现卫星遥感火点监测任务之前，选择合适且准确的云识别算法具有极其重要的意义。

2.3　云识别研究方法现状

判别某个像元中是否含有云的方法叫作云识别算法，这是处理和分析光学遥感图像中最重要的一步，也是后续遥感数据处理与分析的前提。例如搭载在美国的新一代对地观测卫星 Suomi NPP 的 VIIRS 传感器的 22 个次级环境数据产品都是基于 VCM（云掩膜）产生的。不管是什么类型的光学传感器，不管他们的次级产品多么复杂，云的处理都是首要的[13]。

目前，遥感云识别已发展出多条技术路线，传统方法多利用云和其他地物在影像光谱上的差异进行研究，如云会使像元的反射率升高、亮温降低。设置阈值可以实现云的分割识别，早期多为静态阈值，后来逐步发展为动态自适应阈值、波段组合阈值、时序阈值等。光谱阈值法无需大量的先验标记和模型训练，计算速度快，效率高，但其对于复杂场景的泛化性、健壮性不足。

随着遥感传感器的技术迭代，遥感影像提供了更加丰富的数据特征，但不同空间分辨率、光谱分辨率的影像给传统的云识别方法带来了适用性难题。云识别本质上属于分类问题，为了综合利用丰富的遥感影像信息，学者们引入了支持向量机（SVM）、随机森林（RF）等机器学习方法，提高云识别能力。Kang 等人基于谷歌地图影像，将颜色、纹理、空间位置等特征引入 SVM 分类器，实现了基于 HSI 颜色空间的无监督云识别。Sui 等人基于超像素的 Gabor 纹理特征训练 SVM 分类器，实现了基于较少波段的快速云识别[14]。为了提高复杂场景的云识别能力，Wei 等人依据基于大气层顶反射率和亮温计算的光谱指数训练了随机森林模型，并采用 SEEDS 方法进行云识别的后处理，实现了各类背景下碎云和薄云的准确识别，但对云、冰雪的分离效果较差。经典机器学习的引入提高了遥感影像信息的综合利用程度，但其往往需要依据专家知识手动设计的图像光谱、纹理特征作为模型的输入，模型性能往往取决于特征识别与提取的准确程度。

2015 年之后，作为机器学习的分支之一，深度学习得到了迅猛发展，其显著的特点是随着数据量的增加，深度学习的性能逐渐升高，而传统机器学习的性能则趋于平缓。在遥感云识别领域，丰富的遥感影像为深度学习提供了大量的样本，另一方面，深度学习能够进行特征的自动学习，更加显著地提高了影像特征的综合利用程度。经典的语义分割网络（Unet）在云识别领域得到了广泛应用。Jeppesen 等人基于改进的 Unet 网络，仅利用 RGB 影像便实现了高精度的云识别，充分体现出深度学习在云识别领域的潜力。Yu 等设计提出了多尺度综合门控云识别模型 MFGNet，将空间注意力机制与神经网络高度融合，提升了云识别精度。么嘉棋等将 SegNet 与条件随机场相结合，高精度保留了云的边缘轮廓，同时保持了较高的健壮性与泛化性，体现出深度学习与后处理算法结合应用的能力。然而由于深度学习的训练样本仍需大量人工标注，且训练成本较高，目前传统机器学习与深度学习的结合使用逐渐成为主流云识别方法。

国内研究起步较晚，国外自 20 世纪 70 年代，就开展了云识别的研究。伴随着一系列卫星的升空，如 NOAA、GOES、EOS 等卫星，遥感卫星应用的前景越来越被大家所期待。云识别研究也被列为亟待解决的难题。云识别方法按照其本质的不同可以将方法分为统计学方法、辐射传输方法和多光谱阈值法。

2.3.1　统计学方法

统计学方法的核心是收集大量的观测或实验样本，用统计方法或聚类方法分析反射率和亮温这两个特征值与云的出现关系，建立最优模型。从概率论的角度出发，把云的出现看作是一个随机过程，其中的特征参数变化可以通过建模分析其内在的关系，从而判定目标像元是否含有云。例如，Diday 等人在 20 世纪 70 年代提出的在图像中选择合适的窗口，用聚类分析方法探究不同像元的差异性从而达到识别云的效果，虽然这种方法最初不是用于云识别，但是这种思想可用于云识别的目的。

2.3.2　辐射传输方法

辐射传输方法的核心是建立模拟太阳光经过大气层，不经过云之后达到传感器的辐射模型。此模型经过多次模拟确定合适的阈值。当目标像元的反射率或亮温超过这个阈值时，就可以判定为云。

2.3.3　多光谱阈值方法

多光谱阈值法是利用可以分离云与其他地物的光谱的多个组合，并根据先前的经验，设置合适的阈值从而达到识别云的技术。阈值法由于其简单有效的优点，被广泛地应用于早期云识别中。多光谱阈值法可分为 ISCCP 法、APOLLO 法、CLAVR法、CO_2薄片法等。

1. ISCCP 法

ISCCP 法由 Rossow、Seze 以及 Garder 等人开发研制。其核心是利用 GOES 卫星的 0.6 μm 可见光波段和 11 μm 红外波段的历史数据建立晴空和云的辐射统计模型。当识别未知的像元时，如果目标像元的辐射值与云的辐射统计模型的辐射值差值大于某个经验固定阈值时，那么此目标像元可视为云像元，但是存在当像元存在薄云或者含有少部分云，其差值信号不足以超过固定阈值时，就会产生误判。

2. APOLLO 法

APOLLO 法主要由 Saunders、Kriebel 和 Gesell 等人基于 NOAA-AVHRR（NOAA-Advanced Very High Resolution Radiometer，甚高分辨率扫描辐射计）提出来的。该方法判定目标像元为晴空需要满足四个条件，否则判定为云：

（1）反射率比经验阈值低并且亮温比经验阈值高；

（2）波段 2 与波段 1 的比值满足一定波动范围；

（3）波段 4 与波段 5 的差值大于经验阈值；

（4）如果目标像元下垫面为海洋，则像元的空间一致性需大于经验阈值。

3. CLAVR 法

CLAVR 法生成的云产品目标旨在全球范围内使用，其核心思想是把四个像元作为一个单位进行云识别，并且采用的动态阈值由 9 天的晴空辐射数据合成。根据四个像元是否被云覆盖程度，判定结果分为三种类别：完全晴空、部分云覆盖和全云覆盖。

2.3.4 存在的不足

云识别的算法主要利用云与其他地物的光谱特性不同的性质，即红外和可见光的亮温或者发射率的不同的特点，进而达到识别云的目的。这种简单易行的方法称为固定阈值法，但是云和其他地物的光谱特征在时间和地理上都有很大差异，因此确定适合所有地理区域和季节的单一标准是一项巨大的挑战。然而对于具有薄云或部分云的像元，由于这种云引起的信号变化通常小于下垫面的时间变化，将导致云识别和其他产品的不准确性。

目前，针对火点监测的云识别算法仍是基于传统的阈值法。比如 MODIS 火点产品中的云识别技术采用波段 1 和波段 2 的可见光与波段 32 的红外光组成的多波段阈值法来实现云的识别。Suomi NPP 火点产品中用波段 5 和波段 7 的反射率与波段 16 的亮温的组合来判别云。同样的，在现阶段的 Himawari-8 卫星火点监测中使用 0.64 μm 和 0.86 μm 的可见光与 12.4 μm 的红外波段的组合来剔除云像元。这些算法还是建立在云使像元的可见光波段的反射率升高，在红外波段的亮温降低的基础上设置合适的阈值来确定像元中是否含有云，并且这些算法中的阈值需要大量的先验知识。

但是这些固定阈值并不准确，考虑到不同时间、不同地理位置的原因，阈值往往选择得比较保守，这会造成大量的薄云被忽略掉。比如云南省这种幅员辽阔的大省，介于北纬 21°8′~29°15′，东经 97°31′~106°11′之间，经纬度跨越较大；同时云南省是一个以高原山地为主的省份，地形的类型极为多样化，包括高原、山原、高山、中山、低山、丘陵、盆地、河谷等。这都导致了云南省不同地理区域的时空差异非常大，传统算法已经不适合应用于云南省大范围区域的云识别。这些不准确的云识别算法最终会导致火点检测的不准确。而且随着不同传感器的大量遥感图片的产生，传统的阈值云识别法已经不能满足火点检测的实时需求。

这不仅对云识别产品的精度有要求，并且对云识别算法处理的时间也有要求。这些要求不仅能够迎合智能化、自动化的火点监测的发展趋势，而且也减少了后续存储、加工和处理遥感图像的成本。

目前机器学习算法已经在各个领域内成熟应用并取得了一系列的成果，挖掘表征云的特征作为模型输入变量以及云样本的代表性、准确性、全面性具有十分重要意义，为后续自动化、智能化识别火点提供参考。为此本研究结合机器学习算法对传统云识别算法提出改进，分析不同算法在提高云识别精度上的效果，并选取精度最高的云识别算法带入火点监测模型中，分析云识别算法精度的提高对于火点识别准确度的影响。

2.4　云层分类

国际卫星云气候学计划根据云顶高度和云的光学厚度，将云分成 9 类，即卷云、卷层云、深对流、高积云、高层云、雨层云、积云、层积云和层云。我国将云层从高度上，可以分为低云、中云和高云三个类别。

2.4.1　低　云

低云大多由微小水滴组成，如图 2.2 所示。通常在厚云的下部布满了细小水滴，而中、上部分则是水滴、冰晶等的混合物。低云的高度通常在 2 500 m 以内，但随着气候、天气和地理位置的不同也会有所变化。气象学中的低云包括"层、层积、雨层、积、积雨"五属云类。

（1）积云轮廓分明，顶部凸起，底部平坦，云块分离，阳光斜射时，积云明暗面分明，如果和阳光在同一方向，中央阴暗，边缘特别明亮。

（2）积雨云，顾名思义就是伴随有强雷雨天气的云层，该类型云层通常由浓积云演化而来，云层体积较大，底部较暗，通常布满整个天空。

（3）层积云大小、厚薄不均，有时薄得可从地面看到太阳所在，有时厚得阴云密布，该类云层形状千变万化，有波状、列状、片状等。

（4）层云面积较大，分布较为均匀，纹理较弱，呈现灰白色。

（5）雨层云，顾名思义就是可能带来降雨的云层，该类云层通常较厚，可遮蔽整个天空，呈暗黑色。

积云　　　　　　　　　　　　　积雨云

层积云　　　　　　　　层云　　　　　　　　雨层云

图 2.2　低云示例

2.4.2　中　云

根据我国云层类别划分标准，将高度介于 2 500～5 000 m 的云层称为中云，该类云层主要由高积云和高层云构成，化学成分上属于水滴以及冰晶混合物，如图 2.3 所示。

（1）高层云主要分布在 2 500～3 500 m 高度，云层面积较大（通常布满整个天空），且较厚（无法透过阳光），分布较为均匀，热天常伴随有雷雨天气，冷天则伴随有冰雹等天气。

（2）高积云面积较小（通常呈朵状或块状），且厚薄程度不均，形状千差万别。

高层云　　　　　　　　　　　　高积云

图 2.3　中云示例

2.4.3 高 云

根据我国云层类别划分标准，将高度大于 5 000 m 的云层称为高云，该类云层由卷云、卷层云、卷积云构成，化学成分上属于冰晶、水滴等混合物，形状万千，如图 2.4 所示。

（1）卷云由冰晶组成，多呈现羽毛状，部分呈现片状以及钩状，当远距离观测时多呈现黄色，形状万千。

（2）卷层云分布较为均匀，透光性较好，呈乳白色，冬季常伴随有雨雪天气。

（3）卷积云是由于大气剧烈运动而产生的，远距离观测时常呈现淡黄色，往往为波浪状，布满整个天空。

卷云　　　　　　　　　　卷层云　　　　　　　　　　卷积云

图 2.4　高云示例

2.5　云南省云特征分析

2.5.1　云南省不同季节云类型

通过云南省不同季节云类型占比统计（见图 2.5）发现，云南省云类型丰富，其中以积云在各个季节中均占比最高（春为 26.3%；夏为 21.4%；秋为 17.1%；冬为 20.9%）。积云通常为水云和混合云，以水云为主，主要是由空气对流上升冷却使水汽发生凝结而形成，分为淡积云、浓积云、碎积云三类，高度一般在 600～1 200 m，通常出现在上午时段，午后最多，傍晚时段逐渐消散。除积云外，云南省各个季节高积云、高层云、层积云和雨层云占比相对较多，其中：雨层云高度相对较低，云层通常较厚，通常可带来降雨；高积云和高层云一般高度在 2 500～5 000 m，主要相态为水云和混合云，高层云云层面积大且厚，分布较为均匀，而高积云面积较小，且厚薄程度不均，形状千差万别；层积云属于低云，厚薄不均，形状千变万化，有波状、列状、片状等。各个季节占比相对较低的为卷云、卷层云和深对流，此类云为高云，受到高空低温影响，相态主要为冰云和混合云。云南省四季占比最少的均为层云。根据气象学和云南省所处地理位置分析，夏秋云类型差异影响因素主要为海洋气团、台风云、静止锋以及冷锋等，而冬春受到沙漠或干旱大陆来的干暖气团控制。

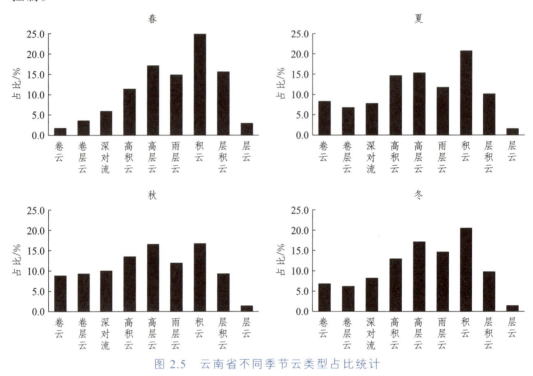

图 2.5　云南省不同季节云类型占比统计

2.5.2　云南省不同云类型光谱

根据云南省不同云类型反射率、亮温和亮温差差异（见图 2.6）发现，在可见光和近红外波段，虽然各类型云在不同波段上变化趋势一致，但反射率具有明显差异，同时，不同类型云在同一波段上差异显著，例如积云与雨层云在 4 波段（Albedo04，中心波长 0.85 μm）反射率相差 0.26，主要受到不同云类型所处高度、光学厚度、相态、云粒子有效半径等因素的影响；在热红外波段，中低云在 7 波段（Tbb07，中心波长 3.8 μm）和 10 波段（Tbb10，中心波长 7.3 μm）亮温差异较小，但在 11、14、15 波段具有明显差异，主要由于波长较长时，不同类型云对电磁波的吸收和反射特性差异更明显；高云平均亮温为 254.5 K，显著低于中低云平均亮温 276.5 K，主要由于高云相态主要以冰云和混合云为主,所以其在各个波段亮温明显低于中低云。各云类型在 BTD07(14 波段和 7 波段亮温差)和 BTD10(14 波段和 10 波段亮温差)变化趋势基本一致,但不同类型云亮温差差异明显,主要由于不同类型云的构成差异导致。各云类型的 BTD11(14 波段和 11 波段亮温差)和 BTD15(14 波段和 15 波段亮温差)与 BTD07 和 BTD10 相比变化相对较小,主要由于各云类型在11、14 和 15 波段亮温差异较小。

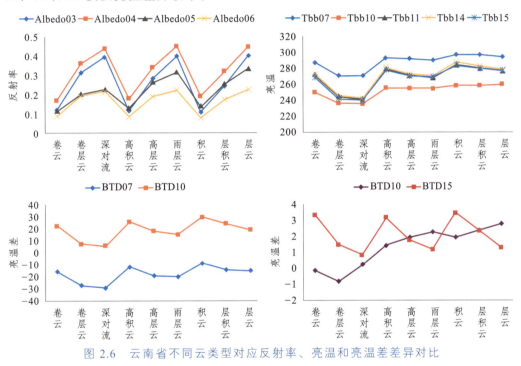

图 2.6 云南省不同云类型对应反射率、亮温和亮温差差异对比

第 3 章　云层识别方法及原理

3.1　云层对太阳辐射的影响

大气的吸收、反射和散射作用会对太阳辐射产生影响，并且地物的反射和辐射的能量在被遥感系统传感器接收前也要经过大气层，而大气中的云层会对辐射传输的过程有更明显的影响。

3.1.1　吸收作用

大气对太阳辐射的吸收作用是有选择性的。其中大气中的二氧化碳和水汽对红外线吸收较强，而太阳中的紫外线主要被臭氧吸收。但是大气对可见光的吸收作用较少。总的来说，大气中的水汽的吸收作用最为明显，因此当大气中有云层存在的时候，大气的透射率会随之下降。大气的吸收作用会将辐射的能量转变为热能。

3.1.2　反射作用

太阳辐射在穿过大气的过程中，大气中存在的部分粒子会反射部分能量，其中一部分反射能量会被遥感系统传感器接收。这种反射作用是无选择性的。在大气反射中云的反射最为重要。云层在大气中的位置会影响云层反射的强度，其中低云族的反射率最为明显，约为 65%，而中云族的反射率一般在 50%，高云族的反射率最低，约为 25%。并且云层的厚度也会影响云层的反射率，越厚的云层对应的反射率也就越高。通常来说云的平均反射率在 50%~55%。

3.1.3　散射作用

大气散射是重要且普遍的现象，是指太阳辐射传输的过程中受到部分大气分子等粒子的影响，使太阳辐射的能量重新分布在不同的方向，在可见光波段大气散射现象尤为明显。经过散射作用改变原来的传播方向之后，部分的太阳辐射将无法到达地面。大气散射可以分为有选择性的和无选择性的：有选择性的就是粒子对不同波长的电磁波散射能力不同，包括了瑞利散射和米氏散射两种；没有选择性的散射是指粒子对一定范围内的长短波散射的程度相同。

1. 瑞利散射

瑞利散射是一种很常见的光学现象，也被称为分子散射，它是光的线性散射。当波长为 i 的入射光遇到直径为 d 的粒子，如果 $d \ll i$，此时会发生瑞利散射。该类散射的特点是散射的强度与波长的四次方成反比，也就是说随着波长的增加，散射的强度越低。大气中的氧气、氮气分子对可见光会发生瑞利散射。瑞利散射能够很好地解释天空呈蓝色的原因：在太阳辐射的所有可见光波段中，波长较短的蓝紫光会发生最明显的瑞利散射，因此天空呈现为蓝色。瑞利散射作用下散射的能量在能量的前进方向和相反方向上的强度相同，在与入射能量垂直的方向上强度最低。

2. 米氏散射

当波长为 i 的入射光遇到直径为 d 的粒子，如果 d 与 i 相当时，发生的散射作用被称为米氏散射。米氏散射大多发生在距离地面高度 4 500 m 以下的大气中，因为这里有很多直径与入射波波长接近的粒子，如气溶胶、花粉和尘埃等，该类散射的特点是散射的强度与入射光波长的二次方成反比。米氏散射在各方向的散射强度不同，在光线前进的方向上有着比反方向更高的散射强度。

3. 无选择性散射

当波长为 i 的入射光遇到直径为 d 的粒子，如果 $d > i$，此时发生的散射被称为无选择性散射。该类散射特点是粒子对任何波长的入射光有着相同的散射强度。无选择性散射可以很好地解释云雾为白色的原因：太阳辐射中可见光的波长远远小于云雾中的水滴粒子的直径，此时粒子对可见光的散射有着相同的强度，所以云呈现为白色。

3.2　云识别物理基础

云和其他下垫面不同的是，云具有较高的反射率和较低的亮温。在进行云识别的过程中，首先考虑对在原始的红外传输方程中所有的方位角进行平均，之后便可表达为

$$\mu \frac{\mathrm{d}I(\delta,\mu)}{\mathrm{d}\delta} = I(\delta,\mu) - (1-\omega_0)B(T) - \frac{w_0}{2}\int_{-1}^{1} P(\delta,\mu,\mu')I(\delta,\mu')\mathrm{d}\mu' \qquad （3.1）$$

式中，δ 表示光学厚度；$B(T)$、μ 和 P 分别表示黑体总辐射强度、天顶角余弦值和相函数；I 则表示辐射强度。

本研究需要从红外辐射传输方程中考虑得到云的相关信息，因此使用二流解对方程，接着通过使用离散坐标近似的方法求解该方程，那么单一云层顶部向上的辐射为

$$I_{obs} = M\_L\_\exp(-k\delta) + M_+L_+ + B(T_c) \qquad (3.2)$$

同时

$$\begin{cases} L_+ = \dfrac{1}{2}\left[\dfrac{I\downarrow + I\uparrow - 2B(T_c)}{M_+e^{-k\delta} + M_-} + \dfrac{I\downarrow + I\uparrow}{M_+e^{-k\delta} + M_-}\right] \\[2ex] L_- = \dfrac{1}{2}\left[\dfrac{I\downarrow + I\uparrow - 2B(T_c)}{M_+e^{-k\delta} + M_-} + \dfrac{I\downarrow - I\uparrow}{M_+e^{-k\delta} - M_-}\right] \\[2ex] M_\pm = \dfrac{1}{1\pm k}[w_0 \mp W_0 g(1-w_0)] \\[2ex] k = [(1-w_0)(1-w_0)g]^{\frac{1}{2}} \end{cases} \qquad (3.3)$$

式中，T_c 为云的温度；g 为不对称因子；w_0 为单次散射反照率；在假设各向同性的基础上，$I\downarrow$ 为云顶向下的辐射，$I\uparrow$ 与 $I\downarrow$ 意义相同只是方向不同。

在云识别工作中，亮温差的信息可以用来区分云和晴空，其原理为：云的单次散射会随着光谱信息的改变而改变，而在该过程中的普朗克函数呈非线性变化，即云和不同地表类型的温度差的函数表达，在不考虑有关其他的吸收和发射时，也呈排线性变化。在区分云和晴空的过程中，使用红外和红外亮温差信息有助于区分两者，其光谱信息的改变通常受云本身的微物理特性影响。

3.3 云识别典型波段

卫星遥感火点判识中，地表类型和云对判识精度影响较大。地表类型通常可通过卫星监测、地面调研等获取准确的信息。而云的信息相对较难，用于火点监测的红外通道包含了发射和反射的成分，而云的类型、云的结构等对太阳反射效果非常明显，因此准确识别云对于山火监测、减少误判等具有较大的意义。在遥感监测中，

不同目标物与背景的辐射差异在遥感影像上会反映不同的目标特征。一个目标物在不同波段间对辐射的吸收、折射和散射存在一定的差异，不同目标物在相同波段上对辐射的吸收、折射和散射也会存在一定的差异。云识别正是利用云和陆地像元在不同光谱段上辐射特性的不同，采用多通道辐射信息，将卫星观测像元分为有云像元和晴空像元。与晴空不同的是云具有较高的反射率和较低的温度。因此可以利用可见光和红外窗区通道的阈值，进行简单的云信息提取工作。但是在多数情况下，云为薄云，如果夜晚出现低层云或小的积云情况时，云和下垫面的辐射差不多，这时单一的光谱差异法很难区别出云和下垫面。不同波段的光谱特征如下：

（1）可见光：0.64 μm 谱段，处在大气窗区。该谱段中，云和雪的反射率较高，云图上表现为白亮；植被、裸地和海面的反射率较小，表现为暗色。

（2）近红外和短波红外：0.865 μm 谱段，在衰减很小的大气窗区，植被的反射率较高；1.38 μm 谱段在高云的反射率较大，可用于检测卷云，特别是陆地表面的卷云；1.64 μm 谱段可用于区分积雪和云；2.13 μm 对冰云、水云和雪的反射率不同，对检测冰云、水云和雪较为有效。

（3）中波红外：3.7 μm 谱段可识别夜间层状云、白天和夜间的薄卷云。另外，3.7 μm 和 11 μm 谱段的比辐射率差可引起 20%的能量差，在 3.7 μm 通道层云比 11 μm 通道的亮温要低 4 K 左右，可利用该亮温差检测夜间层云和雾。

（4）长波红外：11 μm 谱段中，云一般比陆地温度低很多，可用来识别云，特别是高云。12 μm 和 11 μm 类似，不过在薄卷云处和 11 μm 有明显差异，可用于检测薄卷云。

3.4　物理机理与极端随机树结合（PM-ET）云识别模型

云识别是卫星火点监测技术中一个重要因素，合适的云识别算法对于准确主动火点监测至关重要。云像元通常带来卫星传感器像元亮温较低，使得可见光和近红外波段的反射率较高。因此云识别算法中使用的基本方法是利用来自云像元的辐射信号与无云土地的辐射信号的鲜明对比来识别云，且通常表现出随时间变化的更大变化。现有的云识别算法中，一些云识别算法使用的测试可能会导致火点像元或烟雾不足的像元被错误地识别为云，从而降低火点监测的精度。而可靠的云识别算法需要满足两个条件：① 减少由云引起的误报检测；② 减轻非火点表面背景特征统计数据中与云相关的退化。

传统的固定阈值检测法实时性低，准确度不高，有时还需要其他辅助信息，并且处理的速度较慢，因此为了满足实时、动态、智能化地监测森林火灾，有必要对火点监测中的传统的固定阈值云识别算法进行改进。由于机器学习算法已经在其他目标识别任务中取得不错的效果，因此本研究将引进机器学习算法，与云识别物理机理相结合，提出物理机理与极端随机树结合（PM-ET）的云识别模型，为后续应用在 Himawari-8 卫星火点监测提供理论支持，并为算法的自动化、泛化能力、健壮性的提高提供参考。

3.4.1 云识别模型构建的总体框架

本研究开发的云识别算法如图 3.1 所示，主要内容包括以下几个方面：

（1）输入特征构建：输入特征的优选组合是提升模型准确性和健壮性的重要措施，一般算法中仅考虑卫星原始光谱数据、亮温差等特征，具有一定片面性。本研究综合考虑卫星原始光谱数据、亮温差、地理位置信息、角度信息和云物理模型法，用以表征云的特征。

（2）样本数据集构建：机器学习模型本质上属于数据驱动模型，其精度和泛化能力取决于样本数据的规模、标注质量以及是否具有代表性等因素。一般算法中对样本的质量控制和不同情形下的云并不考虑。本研究引入高维度样本，并通过对各维度的考察和统计分析，使得样本库尽可能包括不同情形。样本维度包括天气类型和时刻、云类型（CTYPE）、云光学厚度（COD）、云相态（CLOP）等要素。

（3）模型调优过程：模型输入特征优化以及参数调优是确保模型健壮性的主要步骤，本研究通过对输入特征进行变量重要性度量、变量反向选择和网格化寻优确定最终参数以提高模型的泛化能力。

（4）机器学习方法选择：本研究考虑各类成熟算法，包括以极端随机树、随机森林为代表的 Bagging 算法，以 GBDT、AdaBoost 为代表的 Boosting 算法和传统分类中常用的 SVM 算法，通过实验对比各种算法精度，最终选择精度最高的 ET 算法。

（5）精度验证与结果分析：对于验证方法，本研究采用十折（10-Fold）方法，所有参与训练的数据均不作为验证样本，同时也与其他研究学者的结果进行对比，使得本研究最终整体精度略优于大部分已有研究成果。

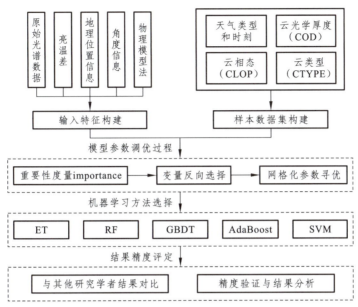

图 3.1　基于机器学习的云识别流程

3.4.2　可见光近红外波段反射率特征

具有一定光学厚度的云在太阳辐射中的反射率比地球表面高，特别是大气分子在可见光区域的吸收非常小，高反射率的原因是云覆盖。如图 3.2 所示，云像元为黄色曲线，在 H8 卫星可见光近红外通道反射率明显高于其余地物，因此，反射率的应用对于云识别非常有效。

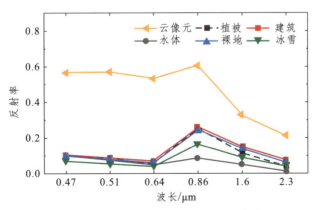

图 3.2　云在可见光近红外波段反射率特征

然而大气的吸收、反射和散射作用会对太阳辐射产生影响，并且地物的反射和辐射的能量在被遥感系统传感器接收前也要经过大气层。在可见光，电磁波主要受到瑞利散射（Rayleigh scattering）的影响，瑞利散射是半径比光或其他电磁辐射的波长小很多的微小颗粒（例如单个原子或分子）对入射光束的散射。散射强度与光波长的关系为瑞利散射光的强度和入射光波长 λ 的四次方成反比

$$I(\lambda)_{\text{scattering}} = \frac{I(\lambda)_{\text{incident}}}{\lambda^4} \qquad (3.4)$$

式中，$I(\lambda)_{\text{incident}}$ 是入射光的光强分布函数。这表明，波长较短的蓝光、绿光比波长较长的近红外和红光波段更易容易产生瑞利散射，且可见光波段中，R03（0.64 μm）与 R02（0.51 μm）、R01（0.48 μm）相关性强，相关系数接近 1（见图 3.3），因此，输入变量中排除 R02 和 R01，仅保留红光波段 R03 以及近红外波段 R4 ~ R6 作为输入变量。

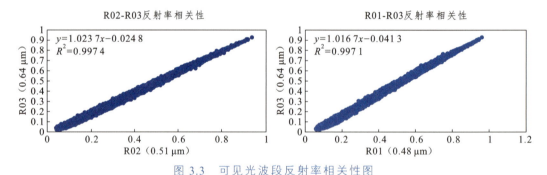

图 3.3　可见光波段反射率相关性图

3.4.3　红外波段亮温特征

在红外光谱区，地表类型的差异随光谱的变化较小，使用大气窗区波段（如 8.6 μm、11.2 μm、12.4 μm）可以用于云的提取。同时，卫星观测到的高云辐射不受气态辐射影响，辐射强度小于晴空。在白天，云由于太阳反射，近红外波段（如 3.9 μm）辐射升高，而由于云顶温度低，窗口区域的热红外辐射降低。因此，利用近红外和热红外窗口区域之间的亮温差具有探测厚云和高云的潜力。如图 3.4 所示，云像元在红外通道亮温基本低于其余地物，但 6.2 μm 和 6.9 μm 波段亮温与其他地物差异较小、难以区分，且 6.2 μm、9.6 μm 和 13.3 μm 波段附近亮温明显降低，说明这几个波段受大气吸收、反射和散射影响较大，因此排除 6.2 μm、6.9 μm、9.6 μm

和 13.3 μm 波段亮温作为输入变量。

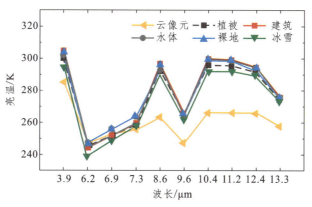

图 3.4　云在红外波段亮温特征

在陆地上，11.2 μm 通道（BT14）的亮度温度对于探测内陆水域和某些陆地特征上的冰云是有效的。在 MOD-CLD-MASK、Ⅶ-CLD-MASK 和 CLD Claudia 中，BT14 在陆地上用作晴空重置测试。在这种情况下，当 BT14 大于预定义阈值时，无论之前的其他确定如何，像素被识别为晴空。本研究发现，BT13 与 BT14 相关性强（见图 3.5），相关系数接近 1，二者存在明显共线性，因此排除 BT13 作为输入变量。

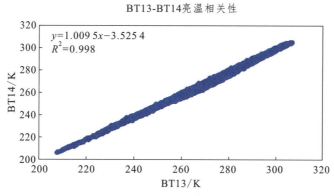

图 3.5　BT13 和 BT14 亮温相关性图

根据云的定义，云一般分为水云、冰云和混合云，而云相态会直接影响云对辐射的吸收、散射和透射程度。研究发现，在白天，BT14 和 BT07 之间的差值 BTD07（BT07-BT14）较大且为正值，这是因为反射的太阳能主要位于 3.9 μm 波段。同时发现 BTD10（BT10-BT14）、BTD11（BT11-BT14）和 BTD15（BT15-BT14）在云像元、水云像元、混合云和冰云像元的差异明显（见图 3.6），因此选取这几个特征能够更好地区分晴空和不同云相态差异，提高对云识别的精度。

综上，本研究综合考虑云在红外波段亮温特征变化选取 BT07、BT10、BT11、BT14、BT15、BTD07、BTD10、BTD11、BTD15 作为输入变量。

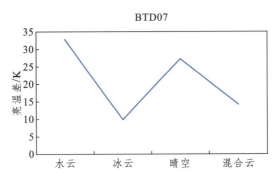

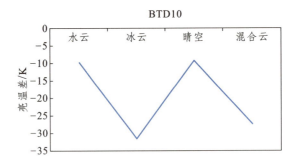

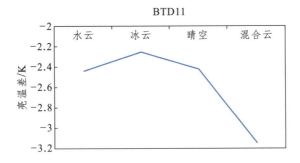

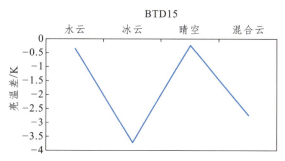

图 3.6　BTD07、BTD10、BTD11、BTD15 在晴空和不同云相态下差异

3.4.4　太阳天顶角特征

太阳天顶角的差异，导致可见光波段反射率取决于观测时间。Himawari-8 能够以相对较短的时间间隔（即 10 min）进行测量，覆盖早上、中午和傍晚不同时段，因此必须加入太阳天顶角变量进行修正。当太阳天顶角超过 65°时，可见光波段的反射率会发生很大变化。图 3.7 分析了太阳天顶角与作为输入变量的 4 个 AHI 波段反射率之间的关系。采样云像元的反射率随太阳天顶角的增大而减小，反射率与太阳天顶角的关系随波段的变化而变化。因此，选择天顶角作为输入变量可以约束修正不同观测时间的云探测效果。

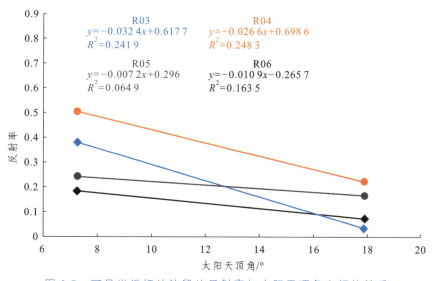

图 3.7　可见光近红外波段的反射率与太阳天顶角之间的关系

3.4.5 云识别物理模型

机器学习、深度学习等统计模型以数据为驱动，通常认为其不考虑遥感物理机理问题，因此本研究构建云识别物理机理特征，并作为输入变量加入机器学习模型中，让模型在一定程度上考虑云相关物理机理。基于前序分析，云物理模型判断条件主要使用三个特征：

（1）R03：可见光波段中红光波段 R03 受到瑞利散射影响最小，且与 R01 和 R02 波段高度相关。

（2）BT14：在陆地上，11.2 μm 通道（BT14）的亮度温度对于探测内陆水域和某些陆地特征上的冰云是有效的。在 MOD-CLD-MASK、Ⅶ-CLD-MASK 和 CLD Claudia 中，BT14 在陆地上用作晴空重置测试。

（3）BTD07：在白天，BT14 和 BT07 之间的差异较大且为负值，这是因为反射的太阳能主要位于 3.9 μm 波段。

首先基于云南省区域 R03、BT14 和 BTD07 以及对应云和晴空像元标记数据绘制三维图（见图 3.8），研究发现当 R03 反射率位于 0.05～0.1 区间、BT14 位于 220～270 K 区间以及 BTD 位于 −10～−5 K 区间时，能够更好地区分云和晴空像元。为了进一步获取最佳阈值，本研究联合可见光波段反射率 R03、热红外波段亮温 BT14 以及中红外与热红外亮温差 BTD07 排列组合结果与云样本真值计算平均绝对误差来确定最优解。

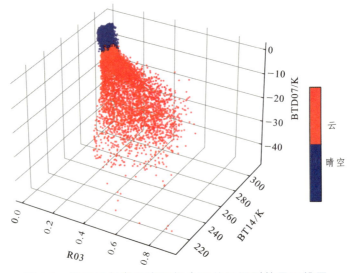

图 3.8　不同反射率和亮温组合下的云识别效果三维图

1. 阈值寻优

单通道阈值测试平均绝对误差结果（见图 3.9）表明，当 R03 阈值取 0.1 时，平均绝对误差最小；BT14 阈值取 240 时，平均绝对误差最小。

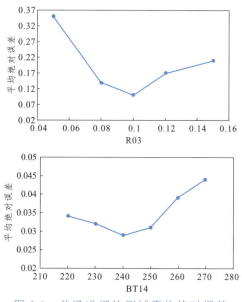

图 3.9　单通道阈值测试平均绝对误差

多通道排列组合阈值测试平均绝对误差（见图 3.10）表明，当 BT14 取 300 K 且 BTD07 取 – 9 K 时平均绝对误差最小；当 R03 取 0.08 且 BT07 取 – 5 K 以及 BT14 取 290 K 时平均绝对误差最小。

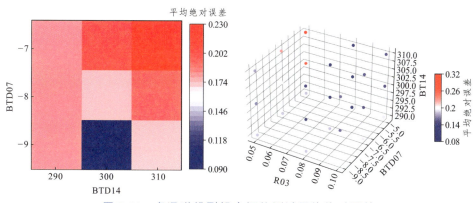

图 3.10　多通道排列组合阈值测试平均绝对误差

2. 空间可视化

R03 提取到的云区域如图 3.11 所示，根据 R03>0.1 这个标准，可以很好地识别出云南省区域内相对较厚的云；图 3.12 为 BT14 云识别结果，云和晴朗区域分别以粉红色和蓝色表示，当 BT14<290 K 时被云层覆盖，在 BT14>290 K 时被晴空覆盖；图 3.13 为 BTD07 云识别结果，BTD07< − 9 K 时，像元被标记为云像元。

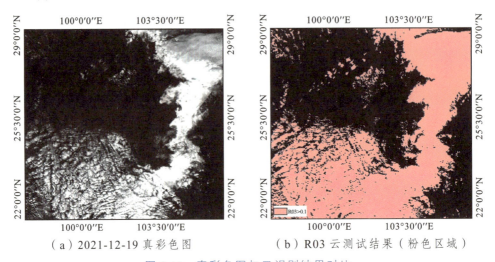

（a）2021-12-19 真彩色图　　　　　（b）R03 云测试结果（粉色区域）

图 3.11　真彩色图与云识别结果对比

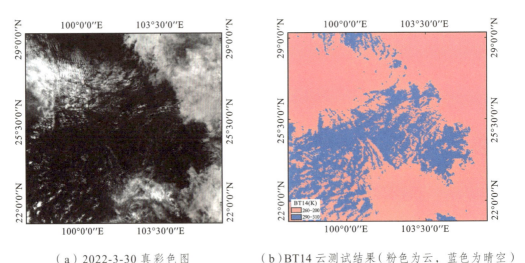

（a）2022-3-30 真彩色图　　　　（b）BT14 云测试结果（粉色为云，蓝色为晴空）

图 3.12　真彩色图与云识别结果对比

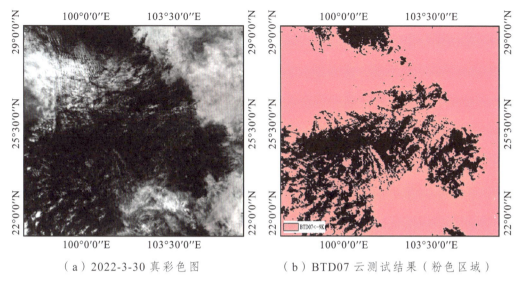

（a）2022-3-30 真彩色图　　　　　　（b）BTD07 云测试结果（粉色区域）

图 3.13　真彩色图与云识别结果对比

因此，通过对可见光波段反射率 R03、热红外波段亮温 BT14 以及中红外与热红外亮温差 BTD07 的多组云测试结果组合排列获取平均绝对误差最小的最优解，可以构建云识别物理模型。满足下列任一条件，则识别为云像元：

$$\begin{cases} R03 > 0.1 \\ BTD07 < -9K \text{ and } BT14 < 300K \\ R03 > 0.08 \text{ and } BTD07 < -5K \text{ and } BT14 < 290K \\ BT14 < 240K \end{cases} \quad (3.5)$$

式中，R03 为红波段反射率，BTD07 为 14 通道与 7 通道亮温差，BT14 为 14 通道亮温。

综上所述，针对 H-8 卫星 AHI 载荷对云的观测特性选取了 18 种云相关特征作为输入变量，如表 3.1 所示。

表 3.1　输入特征表

序号	输入特征	变量解释
1	Albedo03（R03）	3 波段反射率，中心波长为 0.64 μm
2	Albedo04（R04）	4 波段反射率，中心波长为 0.86 μm

序号	输入特征	变量解释
3	Albedo05（R05）	5 波段反射率，中心波长为 1.6 μm
4	Albedo06（R06）	6 波段反射率，中心波长为 2.3 μm
5	Tbb07（BT07）	7 波段亮温，中心波长为 3.9 μm
6	Tbb10（BT10）	10 波段亮温，中心波长为 7.3 μm
7	Tbb11（BT11）	11 波段亮温，中心波长为 8.6 μm
8	Tbb14（BT14）	14 波段亮温，中心波长为 11.2 μm
9	Tbb15（BT15）	15 波段亮温，中心波长为 12.4 μm
10	BTD07	14 波段与 7 波段亮温差
11	BTD10	14 波段与 10 波段亮温差
12	BTD11	14 波段与 11 波段亮温差
13	BTD15	14 波段与 15 波段亮温差
14	Lon	经度
15	Lat	纬度
16	SAZ	卫星天顶角
17	SOZ	太阳天顶角
18	Mask	物理模型提取的云和晴空

3.5　样本数据集构建

随着机器学习、深度学习等人工智能技术在遥感领域的不断应用与发展，基于海量样本的数据驱动模型已经成为遥感影像信息提取的一种新的研究范式，其对样本数据的规模、质量、多样性等提出了更高要求。机器学习模型本质上属于数据驱动模型，其精度和泛化能力取决于样本数据的规模、标注质量以及是否具有代表性等因素。因此本研究重点对样本数据集质量、是否具有代表性进行探究，引入高维度样本，并通过对各维度的考察和统计分析，使得样本库尽可能包括不同情形。样本标记的云和晴空数据主要来自 H8 云产品、CALIPSO 云识别以及目视标记三个方面。样本维度包括云时序变化、天气类型、云类型特征（CTYPE）、云光学厚度（COD）、云相态（CLOP）等要素。

本研究针对样本数据集构建过程中充分考虑天气类型、时间维度、COD、CLOP 和 CTYPE，构建过程如图 3.14 所示，具体内容如下：

Step1：首先考虑天气类型和时间维度，确定样本数据集构建所需具体日期的数据，基于 H8 云产品和 CALIPSO 云产品数据在时空匹配的基础上初步构建样本数据集 L0。

Step2：基于样本数据集 L0，选取 H8 云产品 QA（Quality Assurance）中标记为高置信度且确定为云的像元以及 CALIPSO 识别的云结果作为云样本 L1；QA 中标记为高置信度且确定为晴空的像元以及 CALIPSO 识别的晴空结果作为晴空样本 L1。基于云样本 L1，依据 COD、CLOP 和 CTYPE 进行判断，获取云样本 L2。

Step3：通过对晴空样本和云样本的比例调整以及组合形成晴空和云样本数据集，并随机选取样本点进行目视解译，删除云和晴空指示不明的部分样本。

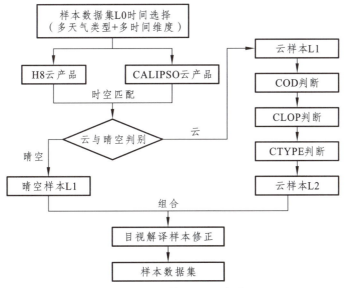

图 3.14　样本数据集构建过程

下面对样本构建过程进行详细说明：

本研究样本数据集首先考虑的是时间维度，包括季度因素、月度、日变化、不同天气类型等因素，其中样本选取的数据日期中包括晴天、阴天、多云、雨、雾、下雪后（避免地表积雪对识别带来干扰）等天气类型。

　　在不同天气类型和一天中不同时刻云的类型和微物理特性均有差异，进而会导致卫星传感器观测到的反射率和亮温差异，因此样本构建过程中对不同云类型条件下卫星传感器接收到的反射率、亮温和亮温差差异进行研究。国际卫星云气候学计划（International Satellite Cloud Climatology Project，ISCCP）根据云顶高度和云的光学厚度，将云分成 9 类，即卷云、卷层云、深对流、高积云、高层云、雨层云、积云、层积云和层云。根据高度划分，前 3 类为高云，中间 3 类为中云，后 3 类为低云。H8 云产品中依据 ISCCP 分类规则制定相应产品，如图 3.15 所示，产品中包括未确定像元，此类像元在官方算法中未能有效识别，因此在云样本构建过程中不予考虑，增加了云像元的相对可靠性。

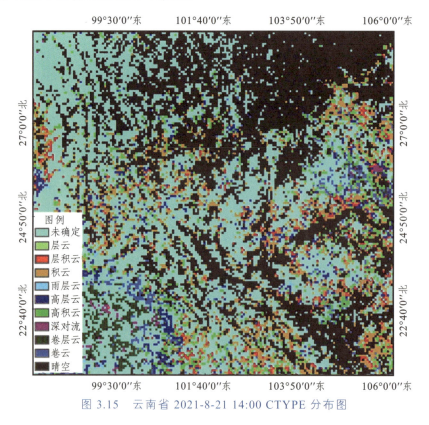

图 3.15　云南省 2021-8-21 14:00 CTYPE 分布图

　　根据前文研究分析，不同云类型在四季中变化明显，且不同云类型的反射率、亮温和亮温差同样存在明显差异，所以样本数据集对云类型的考虑是必要的，样本中标记各个时间段云类型数据，能为以数据为驱动的机器学习模型带来更高的精度和健壮性。

样本数据集 L1 生成过程如下：

$$\text{Sample L1} = \begin{cases} 1 \text{ if QA= } High\ Confidence \text{ and QA=Cloudy} \\ 0 \text{ if QA= } High\ Confidence \text{ and QA=Clear} \end{cases} \quad （3.6）$$

H8 云产品中 QA 判断为确定云并置信度为高时选择为云样本 L1，判断为晴空且置信度为高时选择为晴空样本 L1。

基于云样本 L1 生成云样本 L2 依据和研究过程如下：

云是大气中的水蒸气遇冷液化成的小水滴或凝华成的小冰晶以及所混合组成的飘浮在空中的可见聚合物。根据云的定义，云一般按相态可以分为水云、冰云与混合云等类别，而云粒子的相态会直接影响云对辐射的吸收、散射和透射程度。通过云相态分布结果（见图 3.16），本研究发现水云相比于冰云和混合云分布更广且离散，如果样本选择过程中不考虑云相态影响，会导致水云样本明显高于冰云和混合云。

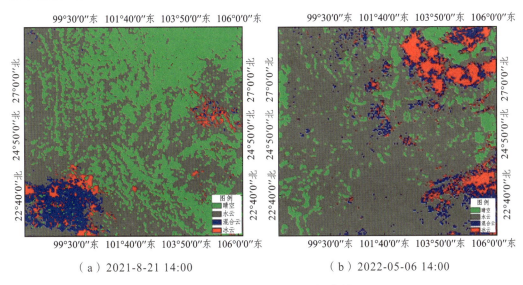

（a）2021-8-21 14:00　　　　　　　　（b）2022-05-06 14:00

图 3.16　云南省不同时刻云相态结果

云光学厚度（COD）是云微物理特性中的重要参数，其表征云的消光能力。

根据前人研究结果发现，COD<2 的一般云量少且云层薄。根据云南省 COD<2 和 COD<3 的结果图（见图 3.17）对比发现，COD<2 的像元覆盖与目视解译过程中认为的薄云像元更为接近。因此本书在云南省区域认为 COD<2 的值为薄云，为样本构建提供依据。

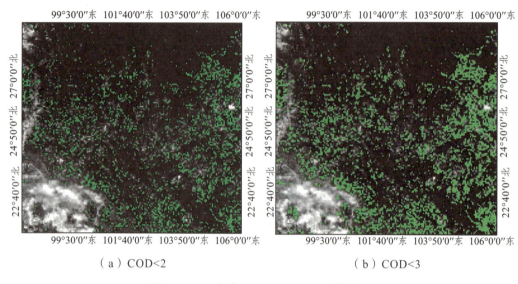

（a）COD<2　　　　　　　　　　　　（b）COD<3

图 3.17　云南省 2021-8-21 14:00 结果图

为了提高云识别有效性，本研究认为构建云样本时需要考虑加入 COD<2 的像元用以标识薄云情况，加入云相态和云类型用以标识不同云相态和类型对辐射的吸收、散射和透射程度。具体过程如下：

$$S_{cod} = \begin{cases} N_{cod1} \text{ if COD<2} \\ N_{cod2} \text{ if COD} \geqslant 2 \end{cases}$$

$$S_{clop} = \begin{cases} N_{clop1} \text{ if CLOP=water} \\ N_{clop2} \text{ if CLOP=ice} \\ N_{clop3} \text{ if CLOP=mixed} \end{cases} \qquad (3.7)$$

$$S_{type} = N_k \text{ if CTYPE = Cloud type}_k, \quad k = 1,2,3,\cdots,9$$

式中，S_{cod}、S_{clop} 和 S_{type} 分别代表云光学厚度、云相态和云类型样本筛选条件下的样本集合，N_{typek} 为 9 种类型样本数据集。

由于薄云数据相对较小，所以考虑 N_{cod1} 中数据量为 N_{cod2} 的 1/3，避免样本数据量过小。云类型和云相态数据量均以中位数 n 为标准，小于中位数的数据取全部数据集，大于中位数数据量随机取 n 个数据。通过对筛选后的三类样本数据集合并，并保留唯一值后形成云样本 L2。

通过以上步骤获取的云样本包括不同云相态、云类型以及薄云情况下的数据，增加样本代表性。

3.6 机器学习方法

机器学习方法是利用一些智能算法自动捕捉和学习云样本中的特征从而达到识别云的目的。随着计算机软件和硬件的飞速发展，海量遥感数据的生成，人们对自动和智能化的需求提高，机器学习方法将是未来云识别发展的主流。机器学习主要是模拟人的大脑处理信息的过程，通过多次学习并存储样本知识，从而加深对云的理解认识。本研究主要选用极端随机树方法。

极端随机树是对随机森林的改进。随机森林是对数据行的随机，而极端随机树是对数据行与列的随机得到分叉值，从而进行对回归树的分叉。因此，同样是集成学习算法，极端随机树的泛化能力高于随机森林。此外，极端随机树中的每一棵回归树用的是全部训练样本，在节点分割上随机选择分割属性，增强了基分类器节点分裂的随机性。

下面分别对随机森林算法和极端随机树算法进行介绍。

随机森林（Random Forest，RF）是每棵树依赖于随机变量的集合，由 Leo Breiman 受到 Amit 和 Geman 早期工作的启发在 2001 年提出。随机森林可以用于分类响应变量（称为分类），也可以用于连续响应（称为回归）。随机森林回归模型由 Bootstrap 样本训练的回归树集合组成，并根据随机选择的预测器子集中的最佳子集划分树中的每个节点。

Bootstrap 抽样的基本思想是在 n 个原始样本数据中，随机有放回地进行抽样，其中每个样本被采集到的概率相等，也就是说，上一步采样到的样本在放回后仍有同样的概率被采集到。本研究设样本的总容量为 n，则每个样本被采集到的概率为 $1/n$，没有被采集到的概率 P_1 则为

$$P_1 = 1 - \frac{1}{n} \tag{3.8}$$

n 次抽样都没有被采集到的概率 P_2 则为

$$P_2 = \left(1 - \frac{1}{n}\right)^n \qquad (3.9)$$

当 n 趋向于无穷大时，则未被采集到的概率 P 为

$$P = \lim_{n \to \infty}\left(1 - \frac{1}{n}\right)^n = \frac{1}{e} \qquad (3.10)$$

也就是说在每轮抽样中，大约有 36.8%（即 $\frac{1}{e}$）的数据没有被抽中，这类数据被称为袋外数据（Out of Bag，OOB）。与神经网络、支持向量机等机器学习方法相比，随机森林具有更好的学习性能，对噪声的健壮性更强。

在随机森林中，本研究要构建众多决策树，在构建每个决策树时，首先利用Bootstrap 取样得到一个样本，然后利用这个样本构建一棵决策树，构建决策树的每一步都按照上面算法描述，先随机选取 d_1 个变量，再选取出最优的变量，最后将所有决策树输出取平均（对于分类问题）作为最终的输出，如图 3.18 所示。

随机森林由于其自身的优势对多元共线性不敏感，其预测的结果一般对缺失数据和非平衡数据具有不错的健壮性，因此随机森林模型能够比较好地进行预测。

随机森林可以用于变量重要性排序，主要利用算法中的 Importance 函数。变量重要性度量的定义为袋外数据自变量值发生轻微扰动后的分类正确率与扰动前分类正确率的平均减少量。其主要包括三个步骤：① 对于每棵决策树，利用袋外数据进行预测，将袋外数据的预测误差记录下来；② 随机变换每个预测变量，从而形成新的袋外数据，再利用袋外数据进行验证；③ 对于某预测变量来说，计算其重要性是变换后的预测误差与原来相比的差的均值。此外，随机森林具有很高的预测性能，对噪声和异常值具有健壮性，并且具有较高的预测精度，不容易出现过拟合现象，因此被广泛应用于各个领域。

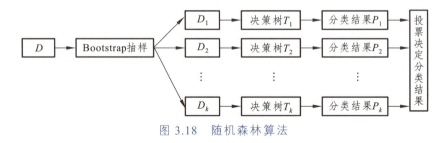

图 3.18　随机森林算法

极端随机树（Extremely randomized trees，Extra-Trees，ET）方法由 Pierre Geurts 等人于 2006 年提出。极端随机树是随机森林在计算效率方面和高度随机化的扩展，属于基于决策树的集成学习方法。极端随机树方法根据经典的自上向下过程构建一组未修剪的决策树，类似于随机森林方法。但是，该方法与随机森林有两点主要的区别：

　　（1）随机森林应用的是 Bagging 模型，而极端随机树与随机森林不同，其不采用 Bootstrap 来选择采样集并作为每个决策树的训练集，而是每棵决策树应用的是相同的全部训练样本。

　　（2）随机森林在一个随机子集内获取最佳的分裂属性，主要是基于基尼（GINI）指数或者均方差的原则，这与传统的决策树保持一致，而极端随机树方法采用完全随机的方法得到一个分叉值。

　　对于（2）所提到的不同，本研究以二叉树为例，当特征属性是类别的形式，随机选择某些类别的样本作为左分支，剩下的其他类别的样本作为右分支；当特征属性是数值的形式，在该特征属性的最小值到最大值之间任意选一个数，如果样本的特征属性值大于该值时，此样本则作为左分支，如果样本的特征属性值小于该值时，此样本则作为右分支。从而实现在该特征属性下将样本随机分配到两个分支上，然后计算分叉值，对于分类问题采用基尼指数，对于回归问题采用均方误差。因此极端随机树方法比随机森林的随机性更强。而对于单棵决策树结果，由于分叉属性是随机选择的，因此其分类或者预测的精度往往较低，但是多棵决策树组合到一起的时候，其精度得到大幅度的提升。

　　从偏差-方差的角度看，极端随机树方法的基本原理是切点和特征的随机化并与集成的平均相结合，这样能够比其他方法所使用的较弱的随机化方案更有效地降低方差。此外，由于随机选择了特征值的划分点位，而不是最优点位，这样导致极端随机树生成的决策树的规模一般会大于随机森林所生成的决策树。也就是说，模型的方差相对于随机森林进一步减少，但是偏倚相对于随机森林进一步增大。在某些时候，极端随机树的泛化能力比随机森林更好。

　　极端随机树模型有两个最主要参数，在每个节点随机选择的特征数 k 以及组成模型的决策树个数 m。这两个参数可以通过手动或者网格寻优搜索的方式来确定最优值。对于给定的问题，k 越小，决策树的随机性越强，它们的结构对学习样本的输出值的依赖性越弱。与随机森林类似，预测误差随参数 m 的增加而减少，即原则上，m 值越高，精度就越高。但是当 m 达到一定的数值之后，随着 m 的增加预测性能的改进可以忽略不计，但是计算所用时间会随着 m 的增加而增加。因此 m 的大小应该在计算成本以及精度兼顾的基础上确认。不同的随机化方法在不同的问题上可能有不同的收敛域，这也取决于样本大小和其他参数设置。

3.7 模型调优过程

3.7.1 变量重要性度量

本研究通过对所选变量的重要性度量，定量化排名所有输入变量在模型的重要性，并在此基础上进行变量反向选择和网格化寻优以确定最终参数。本节以极端随机树参数调优过程为例进行详细介绍。

本研究主要采用基于平均不纯度减少（MDI）的特征重要性度量方法，通过计算每棵树内杂质减少累积的平均值和标准差来实现对特征的重要性度量。数模型中每个节点需选取一个特征，数据集会依照该特征进行细分，以减小不纯度（Impurity）。因此，每个特征带来的不纯度降低就可以作为特征重要性的度量指标。

MDI 表示每个特征对误差的平均减少程度，其解释为在每一棵树的每一个分裂中，将分裂准则的改进作为对分裂变量的重要性度量，并分别在森林中的所有树上为每个变量进行累积。决策树根据某些规则，将节点分裂为两个子节点。每次分裂都是针对一个可以使误差最小化的特征。在决策树中，每个节点都是在单个要素中分割值的阈值，这样因变量的相似值最终在分割后位于同一集合中。基于混乱程度，条件在分类问题的情况下为基尼系数/信息增益（熵），而对于回归树则为方差。因此，当训练一棵树时，本研究可以计算出每个特征对减少加权混乱的贡献。

其算法基本过程如下：

定义为袋外数据自变量值发生轻微扰动后的分类正确率与扰动前分类正确率的平均减少量。

（1）对于每棵决策树，利用袋外数据进行预测，将袋外数据的预测误差记录下来。其每棵树的误差是：vote1，vote2，…，voteN。

（2）随机变换每个预测变量，从而形成新的袋外数据，再利用袋外数据进行验证，其每个变量的误差是：vote11，vote12，…，vote1N。

（3）对于某预测变量来说，计算其重要性是变换后的预测误差与原来相比的差的均值。

如图 3.19 所示，物理模型提取的云和晴空（Mask）在模型中的重要性最高，说明物理模型提取的云和晴空结果在一定程度上具有较高可信度，其在模型中也表现出较为重要的作用。其次为第三波段反射率，而第三波段也经常被用来做云识别。卫星天顶角、经度和纬度的重要性分列后三位，其可能原因为：H8 是地球同步卫星，卫星天顶角在云南省区域变化不大，其对云层和晴空的表现特征不明显，因此在卫星天顶角变化不大的情况下，对云层和晴空的识别作用没有明显改善；经度和纬度分别在一定程度上表征地理位置，但是在云南省范围内云和晴空的覆盖情况一般与地理位置相关性不大，因而导致经度和纬度在模型中的重要性不高。

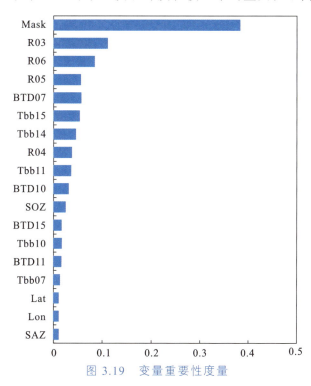

图 3.19　变量重要性度量

3.7.2　变量反向选择

前面分别对输入变量以及其对应在模型中的重要性进行排序，在此研究的基础上，为了简化模型运行成本和计算量，考虑对变量进行反向选择，以获取模型最优变量。其基本思想为对变量重要性度量中重要性最差的变量进行删除，即根据模型识别精度进行定量判定，若模型精度不发生明显变化则移除该变量。

在最初版本模型提取的云结果中，本研究发现在早上 8 点时段，云南省西部区域云层识别效果较差，但东部区域云层识别效果较好，因此考虑引入太阳天顶角以及卫星天顶角来判断对云识别结果的帮助。在变量重要性度量结果中，本研究发现太阳天顶角重要性明显高于卫星天顶角，而卫星天顶角在变量重要性中居末位。因此本研究考虑在变量反向选择的过程中可优先删除卫星天顶角变量。

但是，在变量反向选择过程中（见表 3.2）发现，在分别删除变量重要性后三位的卫星天顶角、经度和纬度后，模型精度均只有小幅度下降，因此考虑不删除变量，而是选择全部变量作为输入数据。

表 3.2　变量反向选择过程中精度变化　　　　　　　　　单位：%

移除变量	云识别精度	总分类精度	总漏分率	总误分率
—	96.41	97.01	2.08	0.91
SAZ	96.4	97	2.08	0.92
Lon	96.4	96.99	2.09	0.92
Lat	96.36	96.96	2.11	0.93

表 3.3 对所有最终输入变量的平均值、最大值、最小值、标准差以及中值进行统计。

表 3.3　输入变量统计描述　　　　　　　　　单位：%

输入特征	平均值	最大值	最小值	标准差	中值
Albedo03	0.20	0.91	0.01	0.20	0.10
Albedo04	0.27	0.95	0.01	0.20	0.20
Albedo05	0.17	0.64	0.00	0.13	0.14
Albedo06	0.12	0.51	0.00	0.11	0.08
Tbb07	291.24	333.25	233.24	10.81	293.29
Tbb10	254.76	274.25	191.28	9.19	256.62

续表

输入特征	平均值	最大值	最小值	标准差	中值
Tbb11	276.84	309.94	189.63	16.28	282.14
Tbb14	278.43	313.89	189.26	17.17	283.99
Tbb15	275.86	309.45	189.69	16.42	281.31
Lon		106.20	97.50		
Lat		29.20	21.14		
SAZ	51.79	57.77	45.94	2.44	51.78
SOZ	49.29	80.00	6.32	22.39	48.17
BTD07	−12.80	2.87	−90.64	11.24	−8.88
BTD10	23.67	56.03	−12.53	10.03	25.75
BTD11	1.59	5.17	−23.52	1.55	2.05
BTD15	2.57	9.91	−3.73	1.39	2.49
Mask	0.54	1.00	0.00	0.50	1.00

3.7.3　网格化寻优

网格化寻优（GridSearchCV）基本过程为遍历搜索，即在所有候选的参数选择中，通过循环遍历，尝试每一种可能性，使表现最好的参数作为最终的结果。其原理就像是在数组里找到最大值。GridSearchCV 的名字其实可以拆分为 GridSearch 和 CV 两部分，即网格搜索和交叉验证。网格搜索，搜索的是参数，即在指定的参数范围内，按步长依次调整参数，利用调整的参数训练学习器，从所有的参数中找到在验证集上精度最高的参数，这其实是一个训练和比较的过程。

ET 模型中 max_features 参数一般设置为 sqrt，因此采用默认值。对模型精度影响最大的参数为最大迭代次数，因此网格化寻优参数主要为最大迭代次数。模型主要寻优参数如表 3.4 所示，可以设置最大迭代次数最小值和最大值范围，并自定义步长，模型根据精度得分自动选择得分最高的为最大迭代次数。

表 3.4　模型主要寻优参数

代码	名称	解释	备注
n_estimators	最大迭代次数	一般来说 n_estimators 太小，容易欠拟合，n_estimators 太大，又容易过拟合，一般选择一个适中的数值	重要参数，模型可自动选择（可自定义最小值、最大值和步长后自动化寻优）
max_features	最大特征数	划分时考虑的最大特征数	分类问题一般为 sqrt
max_depth	决策树最大深度	决策树在建立子树的时候要求子树的深度	
min_samples_split	内部节点再划分所需最小样本数	限制子树继续划分的条件，如果某节点的样本数少于 min_samples_split，则不会继续再尝试选择最优特征来进行划分	
min_samples_leaf	叶子节点最少样本数	限制叶子节点最少的样本数	

如图 3.20 所示，本研究对最大迭代次数进行网格化寻优，设置最小值为 50，最大值为 1 200，步长为 50，对以上超参数数组进行遍历搜索，并获取每个数值对应的得分。以 ET 模型为例，结果显示，在最大迭代次数在 400~1 200 内，对应得分相对接近，在最大迭代次数为 700 时得分最高，为 0.945 859。因此本研究最大迭代次数为 700 进行模型建立。

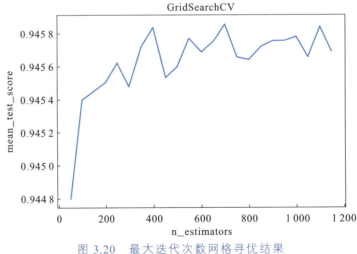

图 3.20　最大迭代次数网格寻优结果

第4章　云识别结果验证与分析

云识别算法的评价方法主要从定量的精度评价和定性的目视解译两个角度去分析。其中，定量评价方法采用十折交叉验证方法和基于 CALIPSO 云产品的结果对比来评价；定性评价方法则通过真彩色图和云识别成果图使用目视解译的方法进行判定。

4.1　定量验证方法

采用十折（10-Fold）交叉验证方法对模型进行精度验证，其方法主要将样本数据集分成 10 份，将其中 9 份作为训练数据，1 份作为测试数据，交叉验证重复 10 次，每个子样本验证一次，再将 10 次的结果进行平均，最终得到总体精度。这个方法的优势在于同时重复运用随机产生的子样本进行训练和验证，每次的结果验证一次，保证所有样本数据可以参与验证（见图 4.1）。

所有参与训练的数据均不作为验证样本，所以十折交叉验证结果在一定程度上可以体现模型的健壮性。

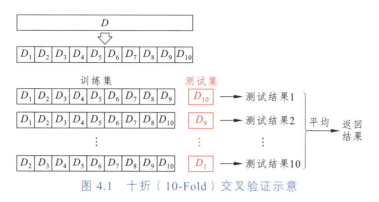

图 4.1　十折（10-Fold）交叉验证示意

对十折交叉方法产生的验证数据集通过以下指标进行量化：TP（True Positive），真正例，表示机器学习模型预测为正且实际也为正样本；TN（True Negative），真反例，表示机器学习模型预测为负且实际也为负样本；FP（False Positive），假正例，表示机器学习模型预测为正且实际为负样本；FN（False Negative），假反例，表示机器学习模型预测为负且实际为正样本。上述数学知识应用在云识别当中则表示为：如果本研究以云像元为正例，晴空像素为反例，表 4.1 将反映该分类指数的具体应用。

表 4.1　样本分类指标

样本库	模型预测为云	模型预测为晴空
Label 中为云	TP（正确预测为云的数量）	FN（将云漏分为晴空的数量）
Label 中为晴空	FP（将晴空错分为云的数量）	TN（正确预测为晴空的数量）

$$\begin{cases} \text{Cloudpre} = \dfrac{\text{TP}}{P} \\ \text{Tpre} = \dfrac{P + \text{TN}}{P + N} \\ \text{Misspre} = \dfrac{\text{FN}}{P + N} \\ \text{Fpre} = \dfrac{\text{FP}}{P + N} \end{cases} \qquad (4.1)$$

式中，P 为 Label 中为云的样本数量；N 为 Label 中为晴空的样本数量。Cloudpre 为云识别精度，表征云被正确分类的概率；Tpre 为总分类精度，表征云和晴空被正确分类的概率；Misspre 为总漏分率，表征实际为云，而模型预测为晴空的概率；Fpre 为总误分率，表征实际为晴空，模型预测为云的概率。

4.2　基于定量验证结果的模型选择

针对云南省区域，本研究构建不同机器学习算法模型对云进行识别，模型包括 ET（极端随机树）、RF（随机森林）、GBDT（梯度提升树）、AdaBoost 和 SVM（支持向量机）。以上算法在机器学习算法中较为成熟，调研发现研究学者在遥感定量反演和目标识别等方面使用较多，因此选用以上模型进行对比，并根据精度最优原则进行模型选择。

其中 GBDT 和 AdaBoost 为 Boosting（提升）算法类，其基本思想是将弱分类器组装成一个强分类器；而 SVM 是一种快速可靠的线性分类器，给定训练数据（监督学习），SVM 算法将得到一个最优超平面，从而对训练数据进行分类。ET 和 RF 为典型的 Bagging 算法，ET 是对 RF 的进一步改进，在某些时候，ET 的健壮性比 RF 更好。

　　本研究使用同一云南省区域构建的样本库测试各类算法模型的优越性，验证方法均使用十折交叉验证的方法。由于训练样本和验证样本均进行分离，而且所有样本均可参与验证，因此这种验证方法可在一定程度上体现模型健壮性差异。

　　表 4.2 为云南省区域云识别不同机器学习模型云识别结果对比，本研究发现 ET、RF 以及 GBDT 算法精度相对较高，而 ET 云识别精度最高；SVM 在云识别精度中相对最低，为 91.43%。通过对不同算法对比本研究发现，在样本库和输入变量相同的情况下，各类机器学习算法模型能力表现相对接近，而本研究最终选择在验证精度上表现最好的 ET 作为最终模型。随机森林是对数据行的随机，而极端随机树是对数据行与列的随机得到分叉值，从而进行对回归树的分叉。因此，同样是集成学习算法，极端随机树的泛化能力高于随机森林。此外，极端随机树中的每一棵回归树用的是全部训练样本，在节点分割上随机选择分割属性，增强了基分类器节点分裂的随机性。

表 4.2　云南省区域不同机器学习模型云识别结果对比

影像	PM-ET	AdaBoost	GBDT	RF	SVM

本书对云识别模型的初步结果分析之后，针对模型不能较好地区分薄云与晴空，

容易误分或者漏分的情况，进一步分析云南省区域内历史云特征从而完成对物理模型的优化，提高样本集中晴空像元占比并完成样本修正；针对早晨与傍晚云识别效果不佳的问题，新增太阳天顶角、卫星天顶角以及物理模型识别结果作为输入特征；最后对所有的输入特征再次进行变量重要性选择和参数寻优，通过不断地模型调整测试来完成云识别模型的迭代优化。

优化过程中，增加样本总数至 265 860 个。其中云样本为 154 280 个（占比 58%，相比初步样本集占比下降 16.46 个百分点），晴空样本为 111 580 个（占比 42%，提高 16.46 个百分点）。如表 4.3 所示，ET 模型预测结果表明，云识别精度达到 96.41%、总分类精度达到 97.01%、总漏分率为 2.08%、总误分率为 0.91%。

表 4.3　云南省区域不同机器学习模型云识别精度对比　　　单位：%

算法	云识别精度	总分类精度	总漏分率	总误分率
ET	96.41	97.01	2.08	0.91
RF	96.36	96.95	2.11	0.94
GBDT	96.35	96.56	2.12	1.32
AdaBoost	94.53	95.48	3.17	1.35
SVM	91.43	94.07	4.97	0.96

4.3　基于 CALIPSO 云产品的对比验证

为了进一步验证模型的泛化能力（健壮性），本研究选取在样本集覆盖时间外的 CALIPSO 数据对模型预测结果进行验证，其中 CALIPSO 数据日期如表 4.4 所示。CALIPSO 数据覆盖四个季节，确保每个季度的预测结果都可以得到验证。

表 4.4　CALIPSO 验证数据索引表

季节	日期	数据日期
春季	2019.3—2019.5	2019-03-04
		2019-03-07
		2019-03-20
		2019-04-04

续表

季 节	日 期	数 据 日 期
春季	2019.3 – 2019.5	2019-04-30
		2019-05-03
		2019-05-26
		2019-05-31
夏季	2019.6 – 2019.8	2019-06-16
		2019-07-04
		2019-07-09
		2019-07-12
		2019-07-25
		2019-08-04
		2019-08-30
秋季	2019.9 – 2019.11	2019-09-12
		2019-09-20
		2019-09-25
		2019-10-08
		2019-10-13
		2019-10-26
		2019-11-08
		2019-11-11
冬季	2019.12 – 2020.2	2019-12-04
		2019-12-28
		2019-12-30
		2020-01-10
		2020-01-25
		2020-02-07
		2020-02-10
		2020-02-23

基于本研究建立的模型对以上日期对应（部分接近）CALIPSO 过境时刻数据进行预测，并对所有验证数据以及各个季度数据进行精度评定，其中所有验证数据量为 24 286 个。根据 CALIPSO 验证结果（见图 4.2），全部数据验证云识别精度为97.1%，其中夏季云识别精度最高，秋季云识别精度最低。

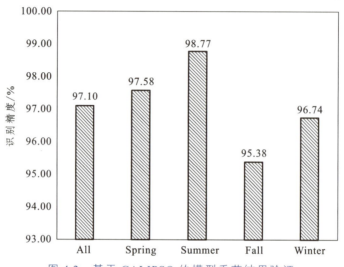

图 4.2　基于 CALIPSO 的模型季节结果验证

4.4　与其他研究学者结果对比

为了进一步说明模型的相对可靠性，将本研究的算法精度与其他相关研究学者的研究结果进行对比。

Chao Liu 等人利用 H8 数据对云进行识别，其选用的输入变量为 BT（3.85 μm）、BT（7.35 μm）、BT（8.6 μm）、BT（11.2 μm）、BT（12.35 μm）、BTD（11.2–3.85 μm）、BTD（11.2–7.35 μm）、BTD（11.2–8.6 μm）和 BTD（11.2–12.35 μm）、R（0.64 μm）、R（0.86 μm），R（1.61 μm）、R（2.25 μm），选择 ANN 和 RF 两种模型进行对比，其中 RF 精度明显优于 ANN。本研究相对该论文研究的主要不同在于：

（1）该论文输入特征仅为反射率、亮温和亮温差，本研究包括其所有输入特征，并进一步增加角度信息、地理位置信息以及物理模型法，对于云特征表征更为全面。

（2）该论文仅使用 2017 年 CALIPSO 二级云产品作为样本数据集，因此仅可选择 CALIPSO 卫星过境时刻的云样本（13:45 前后过境），同时未考虑样本数据集的多维度；本研究样本数据集既包括 CALIPSO 也包括高置信度 H8 云产品和目视解译结果，同时样本构建过程中考虑云时序变化、天气类型、云类型特征（CTYPE）、云光学厚度（COD）和云相态（CLOP）。

Zhang 等人同样利用 H8 数据对云进行识别，其选用的输入变量为 B3、B7、B10、B11、B14、B15、BTD（B14-B7）、BTD2 （B14-B10）、BTD3 （B14-B11）和 BTD4 （B14-B15），选择最大似然估计（MLE）和 RF 两种模型进行对比，RF 精度明显优于 MLE。本研究相对该论文研究的主要不同在于：

（1）该论文输入特征仅选择可见光 3 波段，五个亮温波段以及亮温差，本研究与其相比增加更多特征，有助于对云的表征。

（2）该论文样本数据集仅来自 CloudSat 二级云产品（CLDCLASS），该产品中包括云类型信息，与 CALIPSO 轨道类似，在下午时刻过境，未考虑样本数据的多维度。本研究样本使用的 CALIPSO 与 CloudSat 同属主动激光雷达卫星，对云的识别同样准确，同时引入 H8 云产品和目视解译结果，并考虑多维度特征。

本研究针对云南省区域云识别精度略优于其他学者研究结果精度。研究对比过程中发现在云识别方面 RF 模型受欢迎程度更大，而本研究同样选择 RF 算法，并与其他四类算法对比，如表 4.5 所示。对比发现 ET 模型精度最高，而 ET 模型也是针对 RF 做了进一步改进。

表 4.5 不同研究机器学习云识别算法精度对比

参考文献	方 法	精 度	数 据
本研究的算法	PM-ET	96.41%	H8-AHI
Chao Liu et al., 2021	ANN 和 RF	ANN：86% RF：94%	H8-AHI
Zhang et al., 2019	MLE 和 RF	MLE：87.38% RF：94.23%	H8-AHI
Wang C et al., 2020	RF	97%（包括海洋地表）	SNPP-VIIRS

注：MLE 为最大似然法估计；ANN 为人工神经网络；RF 为随机森林。

2021 年 8 月 2 日 14 时云南省区域内优化云识别结果（见图 4.3）显示：云识别模型不仅对 14 时厚云识别效果优异，而且对鱼鳞状的薄云、碎云识别效果好，能很好地分离晴空像元和云像元。

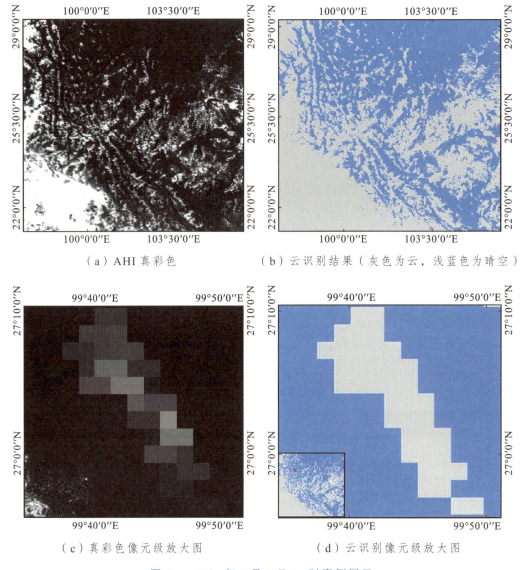

（a）AHI真彩色　　　　　（b）云识别结果（灰色为云，浅蓝色为晴空）

（c）真彩色像元级放大图　　　　　（d）云识别像元级放大图

图 4.3　2021 年 8 月 2 日 14 时案例展示

　　图 4.4 为 2022 年 4 月 10 日 8 时云南省区域内初版云识别模型结果案例展示，其图像特征为：早间区域内云覆盖率较低，以薄云覆盖为主，而红框区域内存在小范围薄云，云识别结果却识别为大范围云像元。其中区域 A 与区域 B 云层在可见光波段有明显差异导致识别精度较差。

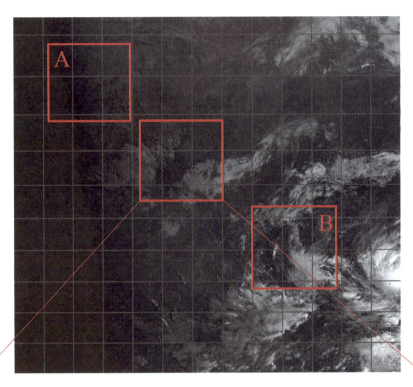

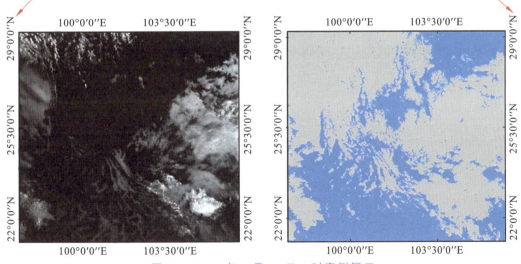

图 4.4　2022 年 4 月 10 日 8 时案例展示

在初版模型基础上主要从以下几个方面对模型进行优化：

（1）新增样本特征：构建样本过程中新增更多晴空像元，并根据云光学厚度、云相态等要素对样本库进行优化，具体改进方法已在前文中描述。此外，本研究整体进一步扩大样本量，增加样本总数至 265 860 个。

（2）新增输入特征：包括新加入太阳天顶角、卫星天顶角以及云识别物理模型识别结果，具体内容已在前文中描述。

（3）模型进行参数寻优：初版模型中本研究对模型参数只进行少量实验，模型参数并未达到最优，后续通过参数寻优过程对模型进行改进。

2022 年 4 月 10 日 8 时云南省区域内优化云识别结果（见图 4.5）显示：优化后的云识别模型对早晨 8 时左上角受卫星观测角度影响导致晴空像元误检成云像元的问题有了明显改进。放大到像元级别也可以发现初步模型完全判识为云像元的区域被纠正，云像元和晴空像元得到了很好地分离。（左边一列为 RGB 真彩色图，中间列为初步模型结果，右边为改进后模型结果）

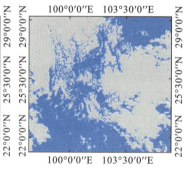
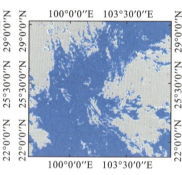

（a）AHI 真彩色　　（b）初步云识别结果（灰色为　　（c）优化初步云识别结果
　　　　　　　　　　　　云，浅蓝色为晴空）

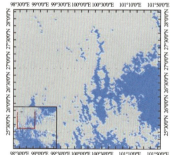
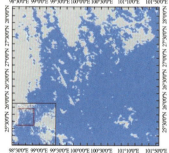

（d）真彩色局部放大图　　（e）初步云识别局部放大图　（f）优化后云识别局部放大图

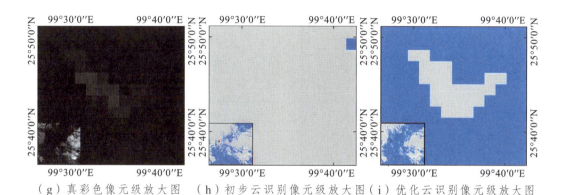

（g）真彩色像元级放大图　（h）初步云识别像元级放大图（i）优化云识别像元级放大图

图 4.5　2022 年 4 月 10 日 8 时优化云识别

　　为了进一步展示优化后云识别模型对早晨云识别效果，本研究选择了 2022 年 6 月 1 日早晨 8 时 H8 原始影像进行云像元提取，结果如图 4.6 所示。可以发现：本研究的云模型在改进输入特征并提高晴空像元比例后，云模型对云南省区域早晨云识别效果有了明显改善。

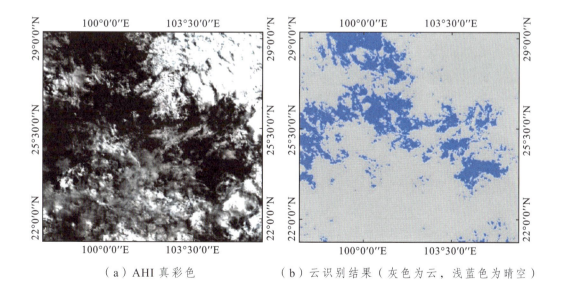

（a）AHI 真彩色　　　　　　（b）云识别结果（灰色为云，浅蓝色为晴空）

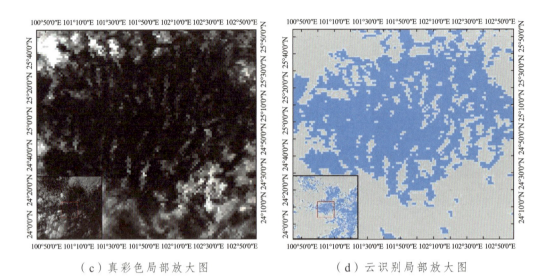

（c）真彩色局部放大图　　　　　　　（d）云识别局部放大图

图 4.6　2022 年 6 月 1 日 8 时案例展示

　　2022 年 5 月 31 日 18 时云南省区域内优化云识别结果（见图 4.7）显示：云识别模型对 18 时厚云识别效果优异，碎云识别效果较好。

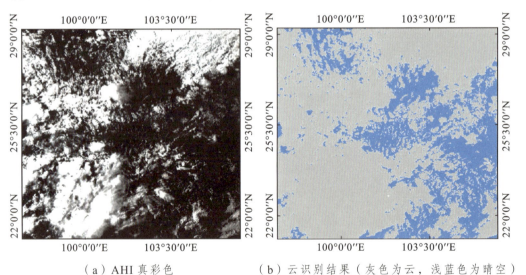

（a）AHI 真彩色　　　　　　（b）云识别结果（灰色为云，浅蓝色为晴空）

 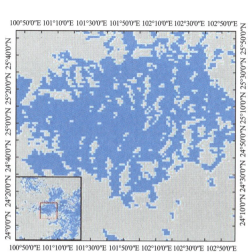

（c）真彩色局部放大图　　　　　　　　（d）云识别局部放大图

图 4.7　2022 年 5 月 31 日 18 时案例展示

随后本研究用云识别模型预测了 2022 年 6 月 2 日 8 时至 18 时共 11 个时刻的云分布情况，如图 4.8 所示，每个时刻真彩色图像与云识别结果趋势一致，云像元与晴空像元分离较好。

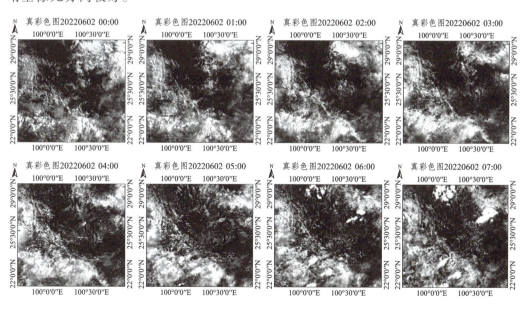

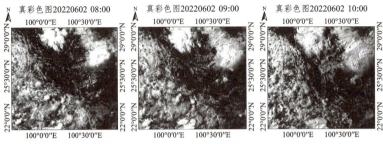

（a）8 时至 18 时 AHI 真彩色

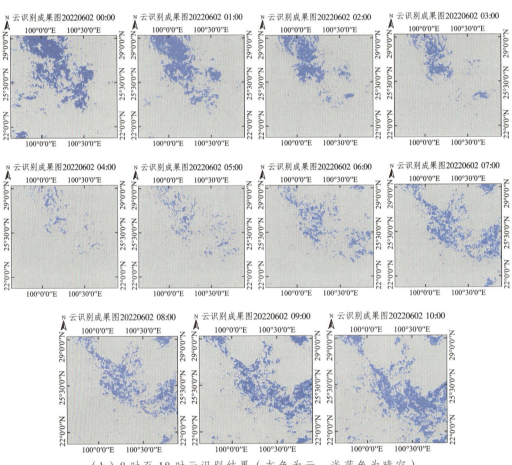

（b）8 时至 18 时云识别结果（灰色为云，浅蓝色为晴空）

图 4.8　2022 年 6 月 2 日案例展示

第 5 章　山火卫星监测和预警方法

5.1　山火监测手段

传统的输电线路山火监测依靠人工巡视，劳动强度大，且视野有限、监测不及时、效率低。传统的山火监测方法以人工巡视上报、定点架设视频监测站点、无人机定期巡航等方式为主。人工巡视虽然能较好地避免其他监测方法出现的错检现象，但林区复杂的地理条件极大地限制了护林员的工作效率，且山火发生时，蔓延速率与蔓延方向多变，极易对一线护林员和消防人员的生命安全造成威胁，因此人工巡视的方式效率低下，且危险系数较高。

目前云南省各山火易发区均开展了视频监控设备的架设，通常以在林区架设高架塔，并于高塔上部署多个视频摄像头的方式进行。该方法极大地提高了山火监测影像的分辨率，对烟雾、明火等事件能进行第一时间的捕捉和报警。但该方法的设备成本极高，为了保证视频设备的正常运行，需要前期在能源和通信等领域进行耗资巨大的基础设施建设。此外，一旦山火蔓延至设备布设区域，将对相关设备造成不可逆的损毁，因此，火场中的视频监控设备在完成早期山火监测的任务后，很难继续发挥作用。

而无人机监测成本十分高昂，加之航线的申请和规划受到诸多因素的影响，使之很难在山火发生前大规模使用，只能针对高风险区域和高风险时间段进行有限的巡航。可见，探索新的监测方案，研发针对山火易发地区的火点近实时监测算法，并满足低漏检、高精度、大范围、高时效性的需求，将是十分必要的。

随着全球高新技术产业的发展，星载遥感技术日渐成熟，传感器的空间分辨率有了显著提高，基于高分辨率极轨卫星的热异常监测开始成为山火监测领域中的重要手段。这些高分辨率卫星影像虽然可以实现高精度的火点监测，但常用的中高分辨率对地观测卫星大都运行在 1 000 km 以下轨道。这类低轨道卫星在重访周期与成像幅宽上难以满足近实时监测的需求，且在提升轨道高度以优化时间分辨率的过程中，又受到经费、技术等条件限制，无法同时保证高空间分辨率。这一矛盾限制了极轨卫星影像在山火监测领域的应用。

近年来，新一代地球同步轨道卫星的发射为近实时火点监测提供了新的思路。地球同步轨道卫星是一类典型的高轨卫星，其轨道位于 36 000 km 左右的地球同步轨道上。该类卫星观测范围广，重访周期高，在传感器成像波段数与空间分辨率上有长足进步。其长时间序列观测能力为多种研究提供了新的思路。因而在山火的近实时监测中较极轨卫星而言更具优势，也更具潜力。

目前已有的地球静止轨道卫星数据山火监测研究，研究范围小，时间周期短，监测算法设计思路单一，主要集中在单纯的空间特征或时间特征分析提取，特征利用方式较为原始。在部分研究中，出现了将中高分辨率极轨卫星山火监测算法迁移至地球同步轨道卫星数据的尝试，但这些尝试多数未充分考虑地球同步轨道卫星数据的特点。因此目前主流的方法漏检率高，精度较低，且缺乏对时效性的保证，阻碍了此类算法走向大规模的产业化应用。

对于上述不足，本研究基于前人的研究成果，以 Himawari-8 卫星为例展示卫星遥感山火监测算法。本研究充分利用累积的大量可用 Himawari-8 数据和近年来快速发展的机器学习和深度学习技术，提升山火监测效果；开展基于时间、空间、光谱多个层面的特征提取与分析，运用多种主流的模型和方法实现 Himawari-8 数据的山火监测；并制作高质量验证数据集，开展验证工作，评估模型多个指标，遴选表现最优模型；同时充分发挥 Himawari-8 数据近实时的特点，构建一套大范围、较高精度、低漏检、高时效性的山火监测方案。一方面为各级供电局提供有力的科学依据，从而帮助山火灭火工作的快速开展，有助于保护线路运行安全，保护人民生命财产安全；另一方面，为全球其他区域的大范围山火监测提供理论参考，同时提升以山火监测为基础的火势蔓延分析、灾后燃烧烈度分析、火灾燃烧功率反演等一系列后续研究的深度与效果。并依托我国卫星事业发展推进业务化、产业化的大趋势，为基于国产地球同步轨道卫星数据的火点监测算法设计提供经验和参考。

基于卫星遥感技术实现山火监测过程中，火点的漏检和误检都是拉低火点监测准确率的"拦路虎"。在实际的山火监测应用中，火点漏检原因可能是受云覆盖影响导致卫星无法形成有效计算和监测，或者火情燃烧面积较小无法引起传感器亮温异常，或者火灾现场以烟雾为主，烟雾消光作用降低传感器亮温等；火点误检原因可能是云边缘火点受低温云背景像元影响导致背景亮温降低，进而使中心像元出现亮温异常，或者受高反射（水体、光伏板、彩钢板等）、常年高温热源（炼化工厂等）影响导致传感器在此处出现热异常现象[15-17]。

5.2　火点反演物理理论

黑体是温度辐射体，它的辐射能力只与温度相关，与黑体相联系的温度称为色温。从理论上看，自然界中任何高于绝对温度（0 K）的物体都在不断发射电磁波，这种辐射称为"热辐射"。热辐射可用于研究物体温度与发射能之间的联系，它随着物体的热行为而变化，也随着物体构成的物质和条件的不同而变化，因而引入"黑体"作为理解热辐射定量和热辐射过程研究的标准[18-19]。黑体辐射中最重要的普朗克（Planck）辐射定律，描述了黑体辐射的辐射出射度（M）、温度（T）和波长（λ）之间的关系，其表达式为

$$M_\lambda(T) = \frac{2\pi hc^2}{\lambda^5} \times \frac{\pi}{e^{hc/\lambda kT} - 1} \qquad (5.1)$$

式中，h 为普朗克常数，值为 6.626×10^{-34} J·s；c 为光速，值为 3×10^8 m/s；K 为波尔兹曼常数，值为 1.38×10^{-23} J/K；T 为绝对温度，单位为 K。

普朗克辐射定律最重要的意义在于对绝对黑体模型进行了定量解释，不仅为电磁辐射理论的发展铺平了道路，更为卫星遥感监测提供了理论依据。使用普朗克辐射定律可以直接计算出黑体辐射的出射度和波长[20-22]。物体的自身温度越高，其辐射出射度越高，物体的自身温度越低，其辐射出射度越弱，如图 5.1 所示。

斯特藩-波尔兹曼定律可以通过对绝对黑体的辐射强度在椭圆形表面下对辐射频率进行积分得到，是热力学中的一个重要定律。斯特藩-波尔兹曼定律建立的是辐射量和物体温度的关系模型，物体的辐射量会随着温度的改变发生急剧变化，且变化趋势一致。在实验室条件下，黑体的辐射量对温度反应敏感，微小的温度变动就可以导致辐射量发生巨大变化。这一理论模型可以被应用到遥感监测中，山火监测也正是根据这一理论模型来区分火点与非火点的。

绝对黑体只存在吸收辐射的状态，不存在反射状态，是一个忽略掉温度特性的实验室理想模型，在自然界中是不存在的。实际上，自然界任何物体都要发出

和吸收辐射，且辐射强度类型仅与物体本身属性和温度有关，不受其他物理因素影响。

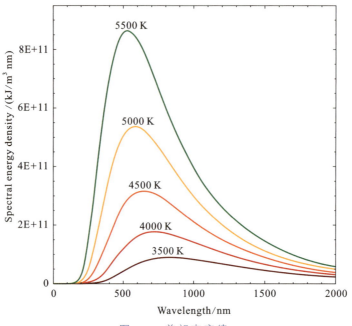

图 5.1　普朗克定律

　　"黑体"是物理学为进行实验研究而假定的理想物理模型，对电磁波可以进行全吸收。通过实验室设备模拟出的黑体模型，对于研究物体温度和发射能的关系、描述一般物体的热行为有很大作用，斯特藩-玻尔兹曼定律也是基于这个重要模型提出的。斯特藩-玻尔兹曼定律对黑体的反射能量、黑体的热力学温度和热力常量进行了模型总结，描述了这三者之间的定量关系，从宏观层面反映了黑体辐射的实质，是物理学电磁辐射理论的重要定律，其表达式为

$$W = \sigma T^4 \tag{5.2}$$

式中，W 为黑体的总辐射通量密度，单位是 W/m^2；σ 为斯蒂芬常数，值为 $5.67 \times 10^{-8} \text{W/}(\text{m}^2\text{K}^4)$；$T$ 是为绝对黑体的绝对温度，单位为 K。

　　由斯特藩-玻尔兹曼定律可知，黑体温度发生微小变化，就能导致发射能量发生很大变化。高温火点的判别根据高温点与背景点的辐射差异来进行，而由斯特藩-玻尔兹曼定律可知，热源燃烧时的辐射会发生急剧变化，这对火点提取是十分

有利的。

维恩位移定律是热辐射的基本定律之一，是指在一定温度下，黑体温度与其辐射能峰值处波长的乘积为常数，即

$$T \times \lambda_{\max} = b \tag{5.3}$$

式中，b 是维恩位移常量，值为 $2.897 \times 10^{-3}\,\text{m} \cdot \text{K}$。

黑体辐射最大时对应的波长 $\lambda_{\max}$ 与其绝对温度 T 成反比，即温度越高，物体对应的辐射波长越短，辐射能力越强。

由维恩位移定律的表达式可以看出，物体的辐射波仅与温度有关，温度升高则辐射波长缩短，温度降低则辐射波长增加。随着黑体表面温度的升高，黑体辐射的光谱最大波长会减小。在山火监测过程中，每当发现火点时，温度必然会升高，引起辐射波长向较短波的方向移动。维恩位移定律给出了黑体温度值与最大辐射的波长之间的关系，如表 5.1 所示。由表中信息可知，根据着火点的温度计算出火点所产生最大辐射对应的波长范围，并结合卫星监测数据寻找火点位置。

表 5.1　绝对黑体温度与最大辐射所对应的波长关系

T/K	300	500	1 000	2000	3 000	4 000	5 000	6 000	7 000
$\lambda_{\max}/\mu\text{m}$	9.66	5.8	2.9	1.45	0.97	0.72	0.58	0.48	0.41

黑体并非自然界中的真实物体，是不存在的，仅供理论研究，因而在相同温度下，真实物体的辐射量应小于黑体的辐射量，由此可以引入"比辐射率"的概念。比辐射率在某些情况下也被称为发射率。

比辐射率的定义：物体与同温度、同波长下的黑体在温度 T、波长 λ 处分别对应的辐射出射度 $M_1(\lambda, T)$ 与 $M_2(\lambda, T)$ 的比值，比值为无量纲。计算公式为

$$\varepsilon_{\lambda} = \frac{M_1(\lambda, T)}{M_2(\lambda, T)} \tag{5.4}$$

比辐射率不仅取决于地表地物的组成，而且与地物的物理性质紧密相关，并随着观测角度和辐射能波长的变化而变化。

地表物体在某一温度下辐射出的亮度与绝对黑体模型在相同温度下辐射出的亮度相等时，我们可以把黑体的温度作为地物在该温度下的辐射温度，进而推算出地物的亮温值。由此可以看出，亮温不等于物体的真实温度，比物体的真实温度要低，

但是黑体模型是不存在的，并且辐射波在传播过程中要受到各种干扰而衰减，因而根据黑体理论从影像上得到的亮度温度并不等于物体的真实温度，与物体真实温度的温度差在 5 K 左右。火点的温度至少超过 400 K，远远高于 5 K，因而计算出的黑体的亮度温度与地物的实际温度的差值对火灾监测没有明显影响，这样就可以把亮度温度作为衡量地物温度的标准，用来代替遥感影像元的真实温度。

根据燃烧学可知，一场火灾的发生必须要有可燃物、适宜的温度和氧气这三个基本要素，其中适宜的温度是为了保证火源的产生以及火势的持续，氧气则是作为助燃物。这三个要素缺一不可，必须同时存在。专家学者们则是从这三个基本要素入手，利用卫星遥感数据来监测或预报火灾的。

在卫星遥感观测技术中，不同地物对太阳光的反射特性差异很大。利用这一反射特性，可以进行各类地物信息的探测研究。遥感监测主要应用的就是地物信息，因而有许多专家学者都在对地物的反射波谱特性进行研究，这已日益成为遥感监测研究中的热点。

随着波长发生变化，地物的反射、吸收、发射电磁波的特征也产生变化，对此规律采用波谱曲线的形式表示，简称地物波谱。相同的地物其地物波谱信息相同，不同的地物其地物波谱信息不同，其内部结构不同，因而电磁波谱效应不同。对照传感器对应波段接收到的辐射数据，可以得出遥感数据和对应地物的识别规律。

根据能量守恒定律可以推演出地物反射率和地表反射率，能量守恒定律如下

$$E = E_\alpha + E_r + E_\rho \qquad (5.5)$$

式中，E 为太阳入射能；E_α 为地球吸收；E_r 为地球透射；E_ρ 为地表反射。

上式也可改写为

$$1 = \frac{E_\alpha}{E} + \frac{E_\tau}{E} + \frac{E_\rho}{E} = \alpha + \tau + \rho \qquad (5.6)$$

太阳光的入射与太阳入射角、地面倾斜度、大气吸收率等多种因素有关，因此科研人员在对各类地物反射特性进行研究时，地物的反射率 ρ 更有研究价值，而研究地表反射 E_ρ 意义不大。如通过地表反射率计算出的植被指数可用于进行各项植被参数的研究，对卫星遥感监测山火的意义重大[23]。

5.3　火点反演分析

基于 H8 卫星 15:00 至 17:00 期间亮温时序统计图（见图 5.2）显示：BT7 通道整个时序区间均随太阳辐射减弱呈正常的下降趋势，无大于 1 K 的时序亮温增幅；BT7 与 BT14 之间的亮温差仅因 BT14 在 16:20 时刻的下降，而出现 1.1 K 的增幅，对于时序火点监测而言仍然无法区分。

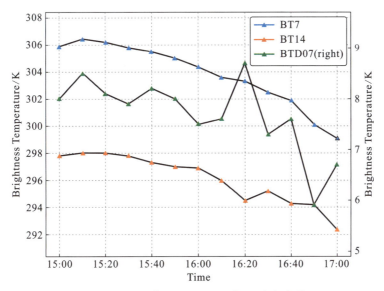

图 5.2　火点像元 H-8 卫星亮温时序变化

5.3.1　下垫面分析

基于火点位置 1 km 缓冲区下垫面信息（见图 5.3）和火点位置背景窗混合像元示意图（见图 5.4）表明：火点位置 1 km 缓冲区地物以耕地和村庄为主，但在该点位周边更远区域主要为水库、工厂、大棚、建成区等的混合分布，这种空间分布特征在卫星影像中主要表现为混合像元，即一个卫星像元中混杂多种地物，而水库、工厂、大棚和部分建成区的混入会在一定程度上提高火点周围像元的亮温，使得目标火点像元不会明显突出，进而影响火点检测。

图 5.3　火点位置 1 km 缓冲区下垫面分布

图 5.4　火点位置背景窗混合像元示意

5.3.2　火灾现场分析

基于 15:00 至 17:30 期间火点位置视频监控图（见图 5.5），并未发现明显烟雾痕迹，也无明火痕迹。

基于灾后的现场火烧痕迹实拍图（见图 5.6）可知，现场燃烧物质仅为小面积杂草，周边林地和灌木地基本未受损，释放热辐射有限，难以引起卫星传感器热辐射异常。

图 5.5   火点分析期间视频监控

图 5.6   火点位置燃烧现场

5.4　卫星火点监测研究现状

随着遥感卫星的持续更新迭代，以及各类遥感技术的不断发展，遥感技术在地表火情的监测中发挥了重要作用。从最早的气象卫星 NOAA 上搭载的 AVHRR 传感器，到 SPOT-VEGETION、中等分辨率成像仪（Moderate-resolution Imaging Spectroradiometer，MODIS）、可见光红外成像辐射仪（Visible Infrared Imaging Radiometer，VIIRS）等低空间分辨率传感器，再到 Landsat 卫星、高分卫星、环境卫星、哨兵光学卫星等所携带的中高空间分辨率传感器系列，国内外学者针对不同的数据、不同的地区提出了一系列的火点监测算法。其通常的原理是通过使用短波红外、热红外波段热异常的特点对热异常像元进行提取。算法主要可以分为：传统单时相火点监测方法、传统多时相火点监测方法以及近年来研究热度极高的基于机器学习和深度学习的火点监测方法。

5.4.1　静止气象卫星发展简介

地球同步卫星是一类在地球同步轨道上运转的人造卫星，其运行的轨道周期与地球自转周期相同。运行方向为自西向东，周期为 1 恒星日，通常距离地面 36 000 km 左右。若地球同步卫星轨道在赤道平面内，且轨道倾角为 0°时，该卫星呈现静止的状态，通信卫星与气象卫星因其业务需求，一般都是地球静止卫星，其中便包含了地球静止轨道气象卫星。目前国外的静止轨道气象卫星一共经历了 3 代：

1. 第一代卫星

1975 年 10 月 16 日，美国国家海洋和大气管理局，美国国家航空航天局共同研制的 GOES-1 成功升空，该卫星属 GOES 系列的第一颗卫星，搭载了可见光红外扫描辐射器。该系列卫星随着不断的迭代，传感器性能逐渐提升，但成像仪和探测仪需交替使用。欧洲气象卫星组织于 1977 年成功发射了 7 代静止气象卫星 Meteosat1-7，进行了近 30 年的对地气象观测。日本也紧随其后，于 1977 年发射了 GMS1-5，为亚洲和太平洋地区提供服务。

2. 第二代卫星

美国在 1994 年发射了第二代地球静止气象卫星，卫星的姿态控制方式有了长足进步，成像仪和探测仪可同时分离工作，对应编号 GOES 8-15。欧洲的第二代卫星 MSG 包含了 Meteosat 8-11，携带了改进型自旋可见和红外成像仪（SEVIRI）、辐射收支平衡探测器（GERB）等四种传感器，且 SEVIRI 的成像通道相比上一代卫星传感器由 3 个增加到 12 个，可见光与红外波段的空间分辨率有了显著提高。同期的日本则发射了 MTSAT-1R、MTSAT-2 两颗卫星，分别于 2015 年与 2017 年停止使用，该系列卫星所携带传感器共包含 5 个光谱通道，每 30 min 可完成一次北半球成像。

3. 第三代卫星

美国于 2016 年底发射了第三代静止气象卫星 G0ES-16，其携带的先进基线成像仪（ABI）包含 16 个通道，涵盖可见光、近红外与热红外通道，可在 5 min 内完成美国本土扫描。此外 GOES-17 于 2018 年发射，GOES-18 于 2022 年发射。欧洲第三代静止气象卫星 MTG 于 2022 年底发射，其性能与 GOES-16 相当。而本研究使用的日本 Himawari-8 也属于新一代气象卫星，随后发射的 Himawari-9 为备用卫星，于 2022 年启用。

目前其他国家最新的地球静止气象卫星包括俄罗斯的 Electro-L、印度的 INSAT-3、韩国的 GEO-KOMPSAT-2A 与 GK-2A 等卫星，其中 GK-2A 所携带的 AMI 成像仪，其性能大体与 Himawari-8 的 AHI 相当。

我国的气象卫星事业起步较晚，但在科研工作者不懈努力下，国内气象卫星正以极快的速度发展，部分技术已达到国际领先水平，甚至呈赶超趋势。从 1997 年发射首颗地球静止气象卫星 FY-2A 以来，我国已发射了 FY-2A 到 FY-2H 共计 8 颗卫星，星载扫描辐射计的通道不断增加，卫星蓄电池性能持续改进。2018 年 5 月我国第二代风云静止气象卫星 FY-4A 正式投入使用，其携带的多通道扫描成像辐射计（AGRI）拥有 14 个通道，最高空间分辨率为 0.5 km，15 min 可完成一次全盘扫描。风云四号 02 星（FY-4B）也于 2021 年 6 月发射，通过与 FY-4A 双星组网，标志着我国新一代地球静止气象卫星业务进入全新发展阶段。

5.4.2　单时相火点监测方法

目前低分辨率卫星中 NOAA/AVHRR、EOS/MODIS 以及 NPP/VIIRS 等被广泛用于全球范围内的火灾监测。Dozier 在 1981 年提出了亚像元火点温度场理论模型，其后面成为了火点监测算法的理论基础。Maston 等人使用 NOAA-6、7 日间数据监测美国与巴西的火灾，且绝大部分监测结果得到了证实。Flannigan 和 Vonder Hanr 提出了首个具有自动性质的火点监测算法，成功监测到加拿大中部的火灾。1995 年，EicS Kasischke 等人以 AVHRR 数据为基础，分析了归一化植被指数（Normalized

Difference Vegetation Index，NDVI）的变化情况，通过 NDVI 变化的幅度来提取火点，超过 80%的火点被监测出来。此后，Alberto Ferndndez 等人在 1993 年和 1994 年利用差分和回归的方法对西班牙地区森林进行时序上 NDVI 的最大值进行分析，进而获取监测的阈值，监测结果误检率和均方根误差都较小。为了提高在不同影像数据下的健壮性以及丰富火灾监测指标的多样性，Barbosa 和 Stroppiana 等人利用 AVHRR 数据结合 NDVI、相对绿度指数（Relative Greenness Index，RGI）以及亮温数据提取火灾过火区域，同时估算了地表植物量以及有害气体排放量。此外，基于 AVHRR 数据的经典方法还有：燃烧区域监测算法、基于火情动力学算法等。

自卫星 Terra 与 Aqua 发射以来，其携带的 MODIS 传感器具有较高的光谱分辨率，在最初设计时针对火灾监测应用了改进，使得 MODIS 数据被广泛用于火点监测。目前基于 MODIS 数据衍生的火点产品有 MCD45A1 、MCD64A1、MCD14ML。MCD45A1 产品的算法是基于双向反射率模型变化的监测方法；MCD64A1 产品算法是基于上下文的算法，应用于中短波红外通道；MCD14ML 产品算法是基于利用热点和多时间谱指数变化的动态阈值的混合方法。除此之外，许多创新性算法也层出不穷，如 Kaufman 和 Justice 等人以 MODIS 的中红外和热红外波段数据为基础，使用固定阈值提取火点。Fraser 和 Li 等人提出了基于亮温阈值进而分析 NDVI 的火点识别算法。Wang 和 John 等人提出了基于烟羽掩膜的火点提取算法。针对 NPP/VIIRS 数据，Wilfrid Schroeder 等人以 MODIS 数据火点提取算法为基础，提出了 375 m 分辨率的火点监测算法；Elvidge 等人使用 VIIRS 750 m 短波红外（1.61 μm）通道和日夜带（DNB）数据来夜间监测气体火焰和其他高温源。

除了对中低分辨率的卫星提出不同的算法，随着多种中高分辨率卫星的发射和在轨运行，国内外学者开始研究基于这些中等分辨率卫星的火点监测算法。朱亚静和刑立新等人使用了基于归一化火点指数（Normalized Difference Fire Index，NDFI）的异常值提取算法，使用 ETM+数据进行火点监测，结果显示有较多的误检。李家国和顾发行等人根据环境 1B（HJ-1B）卫星 IRS 传感器数据的特点，提出使用新的 NDFI，在澳大利亚东南部火点监测上取得了较好的效果。覃先林和张子辉等人针对 HJ-1B 的数据特点，使用自适应的劈窗监测算法识别火点，取得了很好的效果。Wilfrid Schroeder 等人，提出了使用 Landsat-8 OLI 数据进行火点监测的方法。Simon 和 Plummer 等人利用 ATSR-2 和 AATSR 数据，提出了两种火点监测算法。

在中国，自高分辨率对地观测系统重大专项推进以来，业内学者开始关注基于高分数据的火点监测研究，刘树超等人融合使用高分一号 02、03、04 星数据，通过对全色波段和多光谱波段融合得到高分辨率影像进行监督分类，在 3 颗卫星数据中实现了 Kappa 系数大于 0.85 的效果。胡凯龙等人在前人的基础上增加了高分四号数据，总体分类精度达到了 0.862，Kappa 系数达到了 0.76，证明了使用高分多源数据实现火点监测的可行性。更进一步，王自力等人结合使用高分二/四号卫星、环境卫星、资源卫星以及一系列国产商业卫星共计 9 颗卫星的数据，构建了完整的早期热点捕捉、中期火点持续跟踪监测、灾后损失分析评估方案。

5.4.3　时间序列方法

San-Miguel-Ayanz 和 Marches 发现基于极轨卫星传感器的火点监测算法，多包含有固定阈值处理流程，这成为后续虚假火点的主要来源。这是因为气象条件、地表差异、光照情况、大气成分及气溶胶吸收等因素会影响传感器的响应能力，同时这类算法并不考虑传感器的内在结构差异，很有可能带来亮度温度的监测误差。为此，科学家们基于 SEVIRI 提出了用于火点监测的鲁棒卫星技术（RST-FIRES），该方法通过计算 ALICE 指数，实现对火点的多时间分析和自动变化监测算法。

同时，为了克服极轨卫星重返周期低的不足，研究人员已经开始尝试利用地球静止轨道气象卫星数据，依托其高重返率的特性，开发了多时相火点监测方法。这类方法以多幅呈序列规律的历史影像为基础，提取并分析相关的指标，并通过序列数据对该指标建模。并将现有影像指标与序列数据所得结果进行阈值判定，以确定火点。对于重返周期较小的同步轨道卫星数据，可以使用较简单的处理方法得到预定的阈值数据，从而进行火点判断。

例如，Vanden Bergh 和 Frost 基于 MSG 卫星数据，提出了以多个时间序列为基础的监测方法。通过对红外波段 3.9 μm 数据进行卡尔曼滤波，并构造相应的天循环模型（DCM），从而发现模型中出现的明显差异值，通过差异，便能较好地发现潜在火点。

另一方面，Koltunov 和 Ustin 在 2007 年提出了采用非线性多时相算法克服单一影像带来的缺陷的方法，验证表明，在 MODIS 数据上采用多时相方法有效降低了误检率和漏检率，表现优于单时相方法。2009 年，Tawanda Manyangadze 提出了基于 MSG 卫星的自动多时相阈值法，通过分析 MSG 卫星传感器在 3.9 μm 以及 3.9 μm 与 10.8 μm 差值的异常值，结合太阳高度角来区分白天、晚上、黎明多个阶段，最终分析得到火点像元的情况。但该方法依然受限于云覆盖频率以及计算的复杂程度，而 Boschetti 和 Roy 等人提出的一种融合多时相 Landsat ETM+和 MODIS 的火点监测算法，既保留了 Landsat 影像的高空间分辨率又克服了其低时间分辨率，成为多时相研究中的一种新思路。

5.4.4　机器学习和深度学习方法

火点监测问题可归结为一种分类任务，这类任务极其适合使用机器学习和深度学习方法，Arrue 和 Ollere 等人使用人工神经网络（ANNs）对热红外影像进行了处理。Pereira J. M. C 等研究人员利用分类与回归树（CART）实现了火点监测与燃烧区域的制图，在测试集中取得了高达 98%的精度。Kang Yoojin 使用随机森林进行潜在火点的虚警去除，在实验区实现了 93%的正确监测率。而 Patrick K. P 等人则通过使用支持向量机挖掘多种过火区植被指数和火点的关系，完成了较好的拟合效果。

卷积神经网络（CNN）的出现，使得人们可以更好地提取空间特征，也被大量应用到火点监测领域。Phan T.C 等人设计了一套基于卷积神经网络的卫星火点实时监测体系。在 GOES-16 卫星上实现了更快、精度更高（96.5%）的火点监测。Zhen 等应用 AlexNet 实现了基于视频的火灾检测，误报率仅 4.9%，运行帧率为 30 FPS。Khan 等人通过大量数据集训练 MobileNetV2 网络做火点的监测，取得了较好效果。Abdulaziz 等人在有限数据集样本下做数据增强，并改进 CNN 网络激活函数检测烟雾，进而实现火灾监测。Barmpoutis 等人设计实现了高效的 CNN 火点监测模型，并成功应用在 MODIS 卫星上，同时，Y. Zhao 等人对比了多种深度学习网络模型，最后设计出 15 层的 CNN 模型可以实现 98%的准确率。更进一步，Alexandrov 等人使用目标检测模型 YOLO 来提取影像上的火点，模型准确率高于传统的 CNN 分类网络模型。

Wang G 等人提出了一种基于卷积神经网络的森林火灾检测方法，该方法采用 Queezenet 网络进行密集预测。Aslan 等人通过对火焰的时间和空间变化采用训练深度生成对抗网络的方式识别火灾，该模型取得了较高的火焰识别检测率。傅天驹等人在迁移学习基础上采用 2 层的卷积神经网络对火焰数据集进行训练，实验验证了模型在森林火灾识别上的准确性，不过该方法仅对火焰做了识别没有实现火点的定位。严云洋等人基于 Faster-RCNN 模型实现了端到端的火焰检测，在多种复杂环境下均保持较高的火焰检测率，检测速度也较快。任嘉锋等人采用改进的 YOLOv3 网络实现火灾的检测与识别，该算法通过改进 YOLOv3 中 K-means 聚类算法预测框的大小，提高小尺度烟火的识别准确率。实验表明该算法对不同光照条件下拍摄和不同尺寸大小的火焰和烟雾识别效果都比较理想，同时 YOLO 作为一次检测算法满足了实时检测的需求。但是该算法使用的数据集多为公开的浓烟和大火数据集，与现实无人机拍摄的图像有所差距。于春雨为识别烟雾采用结合烟雾的纹理特征和深度学习的方式，首先使用灰度共生矩阵识别烟雾的纹理特征，然后通过 BP 神经网络对烟雾块进行分类识别，通过实验发现该算法对烟雾识别的效果较好。2018 年，高丰伟等人采用 CNN 模型识别出烟雾图像，再结合烟雾的动态纹理特征判定是否为烟雾，该方法降低了外界光照和烟雾浓度的变化对于模型识别的影响。2019 年，冯嘉良等人采用无监督学习的多尺度空洞卷积网络检测烟雾，并改进损失函数来提升检测性能。2020 年，王飞提出了一种先对烟雾进行特征提取，然后采用 Faster-RCNN 的烟雾检测算法。该方法首先通过对烟雾进行运动检测提选出烟雾，然后使用 Faster-RCNN 网络对烟雾图像进行识别。2020 年，AvulaS 等人针对森林火灾烟雾检测，提出在卷积神经网络中增加 STN（空间变压器网络）和熵函数阈值的方式检测，提高烟雾识别准确性。

Cao Yichao 提出了一种新颖的注意力增强双向长期短期记忆网络（ABi-LSTM），用于基于视频的森林火灾烟雾识别。Cang Naimeng 等人提出建立混合高斯背景模型以提取视频背景，然后通过小波变换比较高频部分的能量值，以确定可疑烟雾区域。Yuan Feiniu 等人结合局部二进制模式（LBP）、内核主成分分析（KPCA）和高斯过程回归（GPR），提出了一种新颖的火灾烟雾检测数据处理管道。陈燕红提出局部二值法（LBP）和支持向量机（SVM）用于火灾烟雾检测，其中局部二值法用于提取特征，支持向量机用于检测。Wu Xuehui 等人应用 ViBe 算法提取特征与卷积神经网络相结合，可以有效识别火焰和烟雾区域，并可以减少误报率。Xiong Hao 等人通过改进的自适应混合高斯模型和 RGB-HSI 合成模型对视频图像进行分割和卷积神经网络（CNN）训练学习。Luo Yang 等人提出基于运动特征和卷积神经网络结合的方式进行烟雾探测。Yin Zhijian 等人提出了一个新型的深度归一化网络（DNCNN）。Setbastien Frizzi 等人直接使用原始的 RGB 图像在卷积神经网络上进行训练，识别火灾和烟雾区域。Son GeumYoung 等人应用 AlexNet、GoogleNet 和 VGG-16 三种深度学习网络同时识别图像或视频中的火焰和烟雾区域。Jivitech Sharma 等人应用 VGG16 和 ResNet 两种深度学习网络识别图像或视频中的火焰和烟雾区域。张倩等人用真实和模拟的烟雾训练 FasterR-CNN 模型。富雅捷等人基于迁移学习的卷积神经网络识别图像或视频中的火焰和烟雾区域，不仅检测速度快，而且准确率高。傅天驹等人设计两种 CNN 网络结构分别应用于白天和夜晚两种场景。焦振田提出在无人机系统上地面控制台和天空端应用两个 YOLOv3 网络，共同检测无人机拍摄的视频，提高检测率。于红刚提出 GaussianYOLOv3、改进 PANet 和改进 SSDLite 三种 YOLOv3 改进方法，提高检测速度。

深度学习山火监测算法一般通过挖掘山火发生时的伴随特征和更深层次的特征对山火进行指示，然后以其强大的学习能力判断火灾是否发生，但基于卫星遥感数据利用深度学习算法的山火反演算法目前仍处于探索阶段，仍存在一定不确定性。

5.5 研究区域与数据源

本研究区域为云南省，位于东经 97°31′~106°11′，北纬 21°8′~29°15′，全省国土总面积 39.41 万 km^2，属于低纬度和高海拔地区；地势呈西北高、东南低，自北向南呈阶梯状逐级下降，为山地高原地形，其山地面积占全省总面积的 88.64%。云南省气候类型多样，区域气候差异和垂直变化明显，年温差较小（一般为 10~12 ℃），日温差较大（一般为 12~20 ℃）。云南省有雨季和旱季之分，雨季为 5~10 月，集中了 85%的降雨量，旱季为 11 月至次年 4 月，降水量只占全年的 15%。

云南省植被类型复杂，森林资源丰富。截至 2019 年，全省林地面积 2 817.81 万 hm^2，森林覆盖率 62.40%。森林面积 2 392.65 万 hm^2，其中天然林面积 1 656.31 万 hm^2，人工林面积 736.34 万 hm^2。受冬干春旱、复杂地理条件、丰富的森林资源、沿袭性和习俗性野外生产生活用火活动、境外山火频繁烧入等因素的影响，云南省森林火灾潜在风险较大，其森林防火工作面临严重的挑战。春季和冬季为大部分地区火灾易发季节，且云南省主要树种之一为松树，其易于燃烧，这也增加了火灾发生的可能性。

5.5.1 葵花 8 号数据

新一代静止气象卫星葵花 8 号（Himawari-8）于 2014 年 10 月 7 日被日本气象厅在日本种子岛发射成功，它的星下点位于 140.7°E。与之前发射的静止气象卫星不同的是，葵花 8 号搭载国际上先进的静止轨道成集像仪（AHI），是世界上首个可以拍摄彩色影像的卫星，于 2015 年 7 月 7 日正式启用，其用途为气象业务应用。

AHI 上搭载光谱通道覆盖了从可见光到红外范围，其通道个数也增加至 16 个，其波长范围从 0.47 μm 到 13.3 μm，其光谱、空间分辨率有了很大的提升，其辐射定标也更加准确。AHI 可以实现每 10 min 对全盘进行扫描一次，尤其对于日本和某些特定目标区域可实现每 2.5 min 扫描一次，如图 5.7 所示。光谱成像仪的空间分辨率与光谱通道信息存在一定的联系，AHI 上可见光通道的分辨率最高可达 500 m，近红外通道最高可达 1 km，红外通道的空间分辨率为 2 km。高空间时间分辨率特性被各种新型气象应用，如为天气预报的准确性、灾害性天气的监测都提供了可能。详细的 AHI 光谱通道信息及其相应的分辨率信息如表 5.2 所示，其中通道 1、2、3（0.47 μm、0.51 μm、0.64 μm）分别对应 B（蓝色）、G（绿色）、R（红色）三原色，这三个通道联合使用可以合成真彩色（RGB）图。

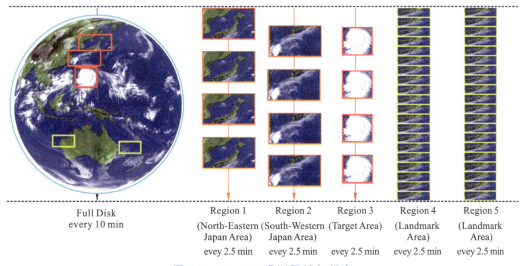

图 5.7　H8 AHI 观测区域与频率

与极轨卫星相比，葵花 8 号静止卫星对观测目标区域具有空间分辨率高、观测频率高以及观测范围广的优势。葵花 8 号卫星数据也逐渐应用于气溶胶、云、海表、火点、黄沙等各种物理产品等。除此之外，AHI 辐射成像仪设置了对云较为敏感的可见光和近红外波段，对云的探测及反演方面有着巨大的潜力。葵花 8 号卫星上包含两种数据分别为 NetCDF4 和 Himawari Standard Data。本研究中使用的是葵花 8

号的 NetCDF4 格式的卫星观测数据。

表 5.2　Himawari-8 波段介绍

	波段序号	中心波长/μm	空间分辨率/km
可见光	1	0.47	1.0
	2	0.51	1.0
	3	0.64	0.5
近红外	4	0.86	1.0
	5	1.6	2.0
	6	2.3	2.0
红外	7	3.9	2.0
	8	6.2	2.0
	9	6.9	2.0
	10	7.3	2.0
	11	8.6	2.0
	12	9.6	2.0
	13	10.4	2.0
	14	11.2	2.0
	15	12.4	2.0
	16	13.3	2.0

对于卫星仪器来说，每个波段都有一定的波长范围，与此对应的也有波长的响应宽度。光谱响应函数是波长的函数，卫星的光谱响应函数对反演算法等有着一定的影响，如云参数的反演、大气的温湿廓线反演、气溶胶参数的反演都是以光谱响应函数作为基础。

5.5.2　GK-2A 数据

韩国第一颗地球静止气象卫星是 COMS，即通信、海洋和气象卫星。COMS 的气象成像仪（MI）于 2020 年 3 月 31 日 UTC 时间 23:59 被终止其观测。COMS 位于东经 128.2°，由韩国气象厅（KMA）运营，于 2010 年 6 月 26 日发射，经过 10 个月的在轨测试后，于 2011 年 4 月 1 日开始正式运行。它比其七年的设计寿命多运行了两年，最后，它的气象任务在九年的运行历史后到达终点。

　　COMS 的后续卫星 GK-2A（Geo-KOMPSAT-2A）于 2018 年 12 月 4 日在 128.2°E 发射到同一位置，并于 2019 年 7 月 25 日起正式运行。GK-2A 是新一代地球静止气象卫星（星下点位于 128.2 E），与 COMS（通信、海洋和气象卫星）相比， GK-2A 可用于多种观测，共生产气象产品 52 种。GK-2A 的主要任务是观察亚太地区的大气现象。GK-2A 上的气象成像仪（AMI）拥有 16 个高空间分辨率的观测通道，包括 4 个可见光通道和 12 个红外通道，并每 10 min 扫描 1 次地球全盘和每 2 min 扫描 1 次朝鲜半岛地区。此外，AMI 具有灵活的目标区域扫描能力，可以用于监测台风和山火等恶劣天气事件。

　　GK-2A 上的 AMI 的可见光通道空间分辨率为 0.5 km 或 1 km，近红外和红外通道空间分辨率为 2 km。AMI 通过热红外成像辐射计具有多通道可见度，该辐射计可提供 16 个光谱通道的观测，远远超过 COMS 上气象成像仪（MI）的 5 个通道。AMI 通道配置以及与其他仪器的比较如表 5.3 所示。就扫描速度而言，AMI 可以在 10 min 内拍摄完整的磁盘图像，而 COMS 可以在 30 min 内拍摄完整的磁盘图像。总之，与 COMS 成像仪相比，AMI 以三倍多的光谱通道、四倍多的空间分辨率和五倍多的图像更新速度捕获地球半球。AMI 有三个 RGB 通道用于生成真彩色图像，与 Himawari-8/9 上的 AHI 相比，该通道更适合于云属性。

表 5.3　GK-2A（AMI）通道参数与 GOES（ABI）和 Himawari-8（AHI）对比

Center wavelength/m			
AMI (Resolution)		ABI	AHI
1 blue	0.47 (1 km)	0.47	0.46
2 green	0.511 (1 km)		0.51
3 red	0.64 (0.5 km)	0.64	0.64
4	0.856 (1 km)	0.865	0.86
5	1.38 (2 km)	1.378	
6	1.61 (2 km)	1.61	1.6
		2.25	2.3
7	3.830 (2 km)	3.90	3.9

续表

8	6.241 (2 km)	6.185	6.2
9	6.952 (2 km)	6.95	7.0
10	7.344 (2 km)	7.34	7.3
11	8.592 (2 km)	8.50	8.6
12	9.625 (2 km)	9.61	9.6
13	10.403 (2 km)	10.35	10.4
14	11.212 (2 km)	11.2	11.2
15	12.364 (2 km)	12.3	12.3
16	13.31 (2 km)	13.3	13.3

GK-2A 上的 AMI 每隔 10 min 在所有 16 个通道中对整个地球全盘进行成像，同时每 2 min 成像 0.106 4（EW）×0.067（NS）弧度（3 800 km×2 400 km，最低点）区域扩展局部区域（ELA），每 2 min 成像一个单独的 0.028×0.028 弧度（相当于 1 000 km×1 000 km，最低点）中尺度区域或局部区域（LA），每个中尺度可以位于整个图像框架或空间的任何位置，如图 5.8 所示。

Full Disk
every 10 min

Extended Local Area
(ELA)
Every 2 min
(3800 km×2400 km)

Local Area (LA)
(Target Area)
Every 2 min
(1000 km×1000 km)

图 5.8　GK-2A 观测区域与频率

GK-2A 的天气监测能力是 COMS 的四倍以上，观测间隔和通道数提高了三倍以上。预计该卫星将大大提高天气监测和天气预报的准确性，以及监测和预报朝鲜半岛和亚太地区极端天气的能力。最大的变化是 AMI 通过通道合成提供 RGB 彩色图像，如真彩色 RGB、气团 RGB、尘埃 RGB、水汽 RGB 等。这加强了通过卫星图像对中尺度气象现象的实时监测功能。

此外，AMI 观测可能生成 52 个衍生产品，用于监测台风、暴雨、雾和亚洲沙尘等恶劣天气现象。KSEM 观测高能粒子通量、沿三轴的磁场和卫星内部的电荷，它还提供了 5 种类型的空间天气预报指数，如磁层粒子通量（MPF）、地球静止电子通量预测（GEP）、卫星电荷（SC）指数、Kp 指数预测（KIP）和 Dst 指数预测（DIP）。预计 GK-2A 产品将在各个领域发挥作用，例如提高天气预报准确性、安全管理和气候变化响应系统。GK-2A 传输的数据开发和服务技术，用于数值模型、台风/海洋、天气和环境监测等各个领域。

5.5.3　风云四号数据

风云四号气象卫星（FY-4）是由中国航天科技集团公司第八研究院（上海航天技术研究院）研制的第二代地球静止轨道（GEO）定量遥感气象卫星，2016 年 12 月 11 日 00:11 在西昌卫星发射中心发射成功，是中国在地球静止轨道上首颗三轴稳定气象卫星，主用户为中国气象局。该卫星采用三轴稳定控制方案，将接替自旋稳定的风云二号（FY-2）卫星，其连续、稳定地运行将大幅提升我国静止轨道气象卫星探测水平。FY-4 卫星将在国际上首次实现地球静止轨道的大气高光谱垂直探测，并与成像辐射计共平台，可联合进行大气多通道成像观测和高光谱垂直探测，垂直探测性能指标在当时已达到在研的欧洲的性能指标。另外，星上闪电成像仪的空间分辨率、观测频次、星上对闪电事件处理的灵活性等指标均与欧美当时同类载荷性能指标一致。

由于时间分辨率高，地球同步轨道卫星所获得的气象数据，对于监测热带气旋、极端天气、闪电和空气污染发展，以及为数值天气预报模式及资料同化提供观测资料都是非常亟需的。风云 2 号（FY-2）系列卫星是我国第一代地球同步卫星，能够对亚洲地区进行实时监测。风云 4 号（FY-4）系列卫星是第二代地球同步卫星，该系列第一颗卫星 FY-4A 卫星于 2016 年 12 月 11 日发射升空，该系列目前由中国空间技术研究院开发，并将由中国气象局的国家卫星气象中心（NSMCICMA）操作。FY-4A 采用三轴稳定结构，位于赤道上方 104.7°E。与 FY-2 系列相比，FY-4A 增强了监测能力，搭载了先进的多通道扫描成像仪（Advanced Geosynchronous Radiation Imager，AGRI），高光谱探测仪（Geostationary Interferometric Infrared Sounder，GIIRS）和闪电成像仪（Lightning Mapping Imager，LMI）。其中 AGRI 是 FY-4A 卫星上最有效的载荷之一，共有 216 个探测器，覆盖了从可见光到近红外波段的 14 个光谱通道，具有较高的空间分辨率（其中可见光波段 1 km，中短波红外 2 km，长波红外 4 km）和较高的时间分辨率（全圆盘图像每 15 min 提供一次）。而 FY-2C 共有 5 个光谱波段，能提供空间分辨率在 1.25～5 km 以 30 min 间隔的全圆盘图像。此外，FY-4A 提供的图像最大覆盖范围在 80.6°N～80.6°S，24.1°E～174.7°W。FY-4 与其他国家开发的新一代地球同步气象卫星系统一起成为全球地球观测系统的重要组成部分。

与美国新一代地球同步轨道运行的环境卫星（GOES-R 系列卫星）上搭载的先进成像仪（Advanced Baseline Imager，ABI）相似，AGRI 提供了 0.47 μm 通道用于气溶胶探测和能见度估计；0.83 μm 通道用于植被和气溶胶监测；1.378 μm 通道用于探测极薄卷云；1.61 μm 通道用于雪、云识别；2.23 μm 通道可用于气溶胶和云的粒径估算和植被监测；3.75 μm 通道用于云层性质、湿度测定和降雪监测；对流层中上层水汽的探测与跟踪分别为 6.25 μm 和 7.10 μm 通道；8.5 μm 通道用于探测含硫酸气溶胶的火山灰云并估算云相；用于测定海表温度和地表温度的平均值为 10.8 μm 通道，用于估算低层湿度的平均值的是 12.0 μm 通道。FY-4 系列地球同步轨道卫星将进一步提高监测云和雾霾、大气温度和大气湿度的能力。

FY-4 卫星已实现的技术指标充分体现了"高、精、尖"特色，如扫描控制精度、姿态测量精度、微振动抑制能力、星上实时导航配准精度、星敏支架温控精度等，多项技术指标挑战了我国现有的工业基础能力。FY-4 卫星遥感探测仪器技术参数如表 5.4 所示。

表 5.4　AGRI 通道特性

通道	带宽/μm	空间分辨率/km	主要用途
1	0.45 ~ 0.49	1	小粒子气溶胶，真彩色合成
2	0.55 ~ 0.75	0.5 ~ 1	植被，恒星观测，图像定位配准，恒星观测
3	0.75 ~ 0.90	1	植被，水面上空气溶胶
4	1.36 ~ 1.39	2	卷云
5	1.58 ~ 1.64	2	低云/雪识别，水云/冰云判识
6	2.1 ~ 2.35	2 ~ 4	卷云、气溶胶，粒子大小
7	3.5 ~ 4.0（高）	2	云等高反照率目标，火点
8	3.5 ~ 4.0（低）	4	低反照率目标，地表
9	5.8 ~ 6.7	4	高层水汽
10	6.9 ~ 7.3	4	中层水汽
11	8.0 ~ 9.0	4	总水汽、云
12	10.3 ~ 11.3	4	地表温度
13	11.5 ~ 12.5	4	总水汽量，地表温度
14	13.2 ~ 13.8	4	云、水汽

5.5.4　EOS-MODIS 数据

中分辨率成像光谱仪（Moderate-resolution Imaging Spectroradiometer，MODIS）是安装在 Terra 和 Aqua 两颗卫星上的传感器，而 Terra 和 Aqua 是属于美国地球观测系统项目的两颗卫星，其中 Terra 于 1999 年 2 月 18 日在美国发射，是 EOS 发射的第一颗极地轨道气象卫星，而 Aqua 是 2002 年 5 月 4 发射的，它们的主要目标是完成极轨气象卫星对海洋、陆地和大气的全面观测，并根据相关信息进行气候变化、大气臭氧研究、自然灾害监测和分析、土地分类和地球环境变化等研究。两颗卫星共同构成了现有的 MODIS 的卫星数据。

MODIS 数据总共有 36 个波段，其中 2 个波段（0.62 ~ 0.88 μm）的分辨率为 250 m，5 个波段（0.46 ~ 2.16 μm）的分辨率为 500 m，其余 29 个波段（0.41 ~ 14.39 μm）

的分辨率是 1 000 m，可以比较清晰地显示地球表面的地容地貌。其数据由于双星观测（Terra 和 Aqua 都是一天过境两次）的原理，所以一天可以得到四次数据，并且这种更新频率在自然灾害监测上有较高的时效性。MODIS 数据获取相对简单，小型天线就可以在 X 波段接收到卫星发送的信号，并且大幅度强化了数据发送的纠错能力。

5.5.5　NPP-VIIRS 数据

NPP（National Polar-orbiting Partnership）是美国国家航空航天局和空军共同研发的一颗极轨气象卫星，属于 NASA 的"极轨卫星系统"（JPSS）的第一个在轨运行卫星，于 2011 年 10 月 28 日成功发射，并于 2011 年 11 月 21 日产生了首幅影像。一天可绕地球 14 圈，观察同一区域两次，总共搭载了 5 个传感器。

其中可见光/红外辐射成像仪（Visible Infrared Imaging Radiometer Suite，VIIRS）是 NPP 上搭载的传感器的其中之一，其质量约为 275 kg。相比同为地球观测系列中分辨率光谱成像仪 MODIS，在分辨率和波段上进行了拓展和改进。NPP-VIIRS 数据总共包含 22 个波段（0.3 ~ 14 μm），分辨率分别为 375 m 和 750 m，扫描幅宽为 3 000 km。目前主要获取海洋、陆地和大气在可见光和红外光波段的辐射图像，用于测量海洋水色、海洋和陆地的温度、云和气溶胶特征和自然灾害等。

5.5.6　CALIPSO 数据

美国与法国合作研究卫星，于 2006 年推出了 CALIPSO 卫星，发射目的为研究全球尺度上的云和气溶胶的空间分布信息，以此来评估对全球气候变化产生的影响，其卫星的成功发射和入轨使得对大气的探测能力提升到一个新的水平。该卫星上搭载着三种观测仪器：正交偏振云-气溶胶偏振雷达（CALIOP）、红外成像辐射计（IIR）和宽视场相机（WFC）。CALIPSO 也是 A-Train 计划中的一部分，该卫星的地球表面轨迹会在当地午后，前后时间差为 15 min 的时候陆续经过同一个位置，也就是说这些不同性能的卫星在地球表面经过时能够实现对同一个位置的观测。CALIPSO 是双波段且具有正交偏振能力的激光雷达（532 nm 和 1 064 nm），可以较为准确地反演出云和气溶胶的分布高度以及它们的消光系数廓线。在 CALIOP 官方的算法中，通常先考虑观测到的目标层是云还是气溶胶，接着再做下一步的判断，最后进一步细化云的类型和气溶胶的类型。利用高分辨率垂直信息的特点可以为云反演工作提供更加准确的信息。CALIOP 数据产品中二级产品为 CALIOP 官方算法反演后的数据结果。

　　CALIOP 的二级云层产品将作为本研究机器学习中训练标签，即本研究中准确的"真值"，并且在算法开发的过程中作为其机器学习的训练标签，同时该产品数据也将在后续的算法评估中做进一步的验证。

5.6　基于多通道卷积神经网络（MC-CNN）的山火检测算法

　　目前主流的窗口上下文方法主要包含了以下步骤：① 水、云检测除去虚警；② 以较宽松阈值提取潜在着火点；③ 计算窗口内背景像元的上下文信息；④ 通过一系列表达式判断潜在着火点是否是真正的热异常火点。在原有的经典空间上下文结构上，本研究提出一种基于 MC-CNN 的山火检测算法，其主要特点在于引入 PCA 算法对输入特征进行优化、构建多通道网络结构以及基于联合概率和 PSO 参数寻优算法获取不同通道火点识别权重，在加权平均的基础上最终判定火点。

　　首先，将卫星原始光谱信息、亮温差值和比值信息在 PCA 降维后与上下文信息、地理辅助数据分别构成三通道输入特征，其中 Model01 包括卫星原始光谱信息、亮温差值和比值信息、地理辅助数据；Model02 包括卫星原始光谱信息、上下文信息、地理辅助数据；Model03 包括以上所有数据。然后针对各个通道输入特征分别构建卷积神经网络模型，每个通道均可输出火点未识别率和误识别率，在单通道权重函数基础上获取三通道火点预测联合概率，最终使得实际为火点的预测为火点的概率尽可能大，实际为非火点的预测为火点的概率尽可能小。通过以上步骤获取得到多通道卷积神经网络山火预测模型[24]。

　　为了进一步优化模型预测速度，同时提高火点检测效率，本研究在去云、去水后利用 OTSU 算法和上下文算法结合的方式对区域内潜在火点进行初识别，并将潜在火点输入到多通道卷积神经网络山火预测模型，并去除固定热源和耀斑影响的虚假火点，得到最终火点。本研究算法流程如图 5.9 所示。

　　云层产生的遮挡和镜面反射可能导致火点的漏判和误判，因此在利用卫星通道观测数据进行火像元判识之前需要进行云像元判识，通过云像元信息动态地调整火点判识条件。本研究采用物理机理与极端随机树结合（PM-ET）云识别模型实现云像元的标注。

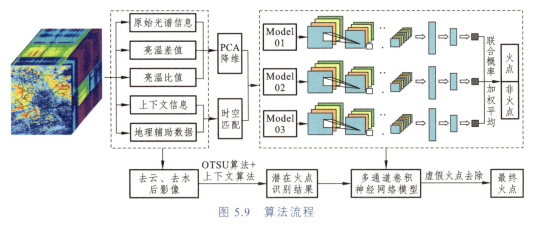

图 5.9 算法流程

由于水体中不可能发生火灾，因此对水体像元进行掩膜，本研究利用土地利用类型（见表 5.5）、归一化植被指数（NDVI）和归一化水体指数（NDWI）算法对水体进行掩膜。利用水体在红光波段和近红外波段的差异与近红外波段和中红外波段的差异对其进行识别。

表 5.5 土地利用类型定义

类型	林地	林地、草地	草地	草地、农田	农田	裸地	城镇与建成区	湿地、雪、水
数值	1	2	3	4	5	6	7	0

本研究在火点预测过程中首先通过潜在火点识别算法初步确定疑似火点。潜在火点的识别原则为尽可能包括更多的潜在热源点，因此本研究综合考虑利用 OTSU 算法和空间上下文算法对潜在火点进行识别，并在两类算法中取识别结果的并集。

OTSU 算法的优势是基于类间方差值最大化能够从区域内较好地分离出潜在高温像元和背景像元，是火点物理识别中常用算法，其比空间上下文算法更健壮、更灵敏。而空间上下文算法通过比较被假定为不受火灾影响的相邻像元中测量的"背景"亮温，来检测受火灾影响的像元，解决了阈值法的部分问题。因此本研究利用空间上下文算法作为 OTSU 算法的补充，可以尽可能多地识别潜在火点像元，降低火点检测的漏检率。

5.6.1 OTSU 算法

OTSU 方法是一种非参数和无监督的自动阈值选择方法，可用于从背景中提取对象。此阈值使得类间方差值最大化，并且此最大值对变化非常敏感。OTSU 方法在分析由于火点造成的空间变化时具有很大的优势，因为火灾发生时，在合理的像元窗口中，最大类间方差会有一个急剧上升的过程，这种快速变化可以用作火灾探测中的重要参数。与上下文测试和时间检测相比，此方法更健壮、更灵敏、更自动化，尤其适用于探测小型火灾。

首先假设待分割火点图像的灰度级为 $1-m$ 级，并且灰度值为 i 的像元数为 n_i，因此图像中总像元数为

$$N = \sum_{i=1}^{1-m} n_i \tag{5.7}$$

在图像总像元数的基础上可计算出每种灰度值在图像中的概率

$$P_i = \frac{n_i}{N} \tag{5.8}$$

整幅图像的像元灰度平均值为

$$\mu = \sum_{i=1}^{m} iP_i \tag{5.9}$$

假设一个 k 值，按像元灰度将所有像元分为 2 类：背景像元 $\boldsymbol{A}_0 = (0,1,\cdots,1-k)$ 和火点像元 $\boldsymbol{A}_1 = (k,k+1,\cdots,m)$，可以计算以下指标：

$\boldsymbol{A}_0$ 产生的概率：
$$P(\boldsymbol{A}_0) = \sum_{i=1}^{k} P_i = \omega(k) \tag{5.10}$$

$\boldsymbol{A}_0$ 群组的平均值：
$$\mu_0 = \sum_{i=1}^{m} \frac{iP_i}{\omega_0} = \frac{\mu(k)}{\omega(k)} \tag{5.11}$$

$\boldsymbol{A}_1$ 产生的概率：
$$P(\boldsymbol{A}_1) = \sum_{i=k-1}^{m} P_i = 1 - \omega(k) \tag{5.12}$$

$\boldsymbol{A}_1$ 群组的平均值：
$$\mu_1 = \sum_{i=k-1}^{m} \frac{iP_i}{\omega_0} = \frac{\mu - \mu(k)}{1 - \omega(k)} \tag{5.13}$$

因此，当阈值取 k 时，图像的灰度均值为

$$\mu(k) = \sum_{i=1}^{k} iP_i \qquad (5.14)$$

全部图像元灰度平均值为

$$\mu = \omega_0\mu_0 + \omega_1\mu_1 \qquad (5.15)$$

两组像元的方差为

$$\sigma^2(k) = \omega_0(\mu_0 - \mu_1)^2 + \omega_1(\mu_1 - \mu)^2 = \omega_0\omega_1(\mu_1 - \mu_0)^2 = \frac{(\mu\omega(k) - \mu(k))^2}{\omega(k)(1 - \omega(k))} \qquad (5.16)$$

当 k 值在（0，$1-m$）的区间内变动，求取得 $\max(\sigma^2(k))$ 时的 k 值，即为最优阈值。OTSU 算法最优阈值的选取只与待分割火点图像的灰度值相关，原理简单，计算速度快，具有广泛的应用。

5.6.2 空间上下文算法

1. 背景亮温计算

静止气象卫星的工作高度和观测方式与极轨卫星不同，传统的基于极轨卫星的火点识别算法不能直接应用于静止气象卫星。背景亮温的计算是火点像元识别的关键，直接影响到识别的精度。背景窗口区域的初始大小为 5×5 像素，背景像素的亮温为窗口区域背景像素的平均温度（水体、耀斑、云和高温可疑火点像素除外），如下：

$$T_{ibg} > \sum_{k=1}^{n} T_i / n \qquad (5.17)$$

式中，T_{ibg} 为 AHIi 波段的背景亮度温度值；T_i 为与待判断像素相邻像元的 i 波段亮度温度；n 是相邻像素的个数。

高温可疑火点像元识别条件如下：

$$\begin{cases} T_7 > \overline{T_7} + n_1 \times \delta T_7 \\ T_7 > \overline{T_7'} + n_2 \times \delta T_7' \end{cases} \qquad (5.18)$$

式中，T_7 表示 3.9 μm 通道的亮温值；$\overline{T_7}$ 为窗口内 3.9 μm 通道所有像元亮温平均值，δT_7 为对应标准差；$\overline{T_7'}$ 为窗口内与中心像元相同土地利用类型的亮温平均值，$\delta T_7'$ 为对应标准差。n_1 和 n_2 为经验系数，基于火点样本集统计结果得到，如表 5.6 所示。

表 5.6　n_1、n_2 系数取值

系数	定义	白天	夜间
n_1	$\dfrac{T_7 - \overline{T_7}}{\delta T_7}$	1	0.6
n_2	$\dfrac{T_7 - \overline{T_7'}}{\delta T_7'}$	1.2	0.8

为了保证背景窗口区域与潜在火点之间有足够的辐射差，初始化为 5×5 网格点的窗口区域使用滑动卷积窗口算法开始对每个像素进行识别，总像素中所有分析点的有效背景像素不小于 25%。如果不满足上述条件，则将初始窗口区域展开为 7×7，…，19×19，如图 5.10 所示，直到满足条件。该方法可以减小不同下垫面类型和山火大小对背景亮温计算的影响，从而保证火点提取的准确性和算法的空间适用性。当窗口开到上限，而有效背景像素不足时，采用绝对阈值条件进行火点识别。当 3.9 μm 通道亮度温度白天大于 330 K，夜间大于 318 K 时，可直接判定该像素为火点像素，否则放弃对该像素的识别。

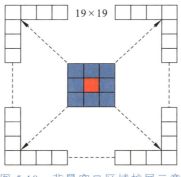

19×19

图 5.10　背景窗口区域扩展示意

2. 空间上下文法

当窗口区域包含足够数量的有效背景像素时，以 MODIS 第 6 版火点识别算法为基础进行改进，使用自适应动态阈值进行火点识别，如下所示：

白天：符合 A、B、C、D 条件的为火点，否则为非火点。

夜间：符合 A、B、C 条件的为火点，否则为非火点。

其中

$$\begin{cases} A: T_7 > \overline{T_{7bg}} + 3 \times \delta T_{7bg} \\ B: T_{74} > \overline{T_{74bg}} + 3.5 \times \delta T_{74bg} \\ C: T_7 > \overline{T_{7bg}} + 3 \\ D: T_{14} > \overline{T_{14bg}} + \delta T_{14bg} - 4 \end{cases} \quad (5.19)$$

本研究使用多通道 CNN 网络算法、Unet 神经网络以及 RNN 神经网络三种深度学习智能算法对火点进行检测，实验结果显示多通道 CNN 网络算法对火点反演精度最高。下面重点对多通道 CNN 网络算法进行介绍，对 Unet 神经网络以及 RNN 神经网络在最后介绍。

地球表面上的一切物体，如土地、水体、林、草地、农作物、空气等，因其具有不同的温度和不同的物理化学性质，常常处于不同的状态，因此它们具有不同的波谱特性，会向外界辐射不同波长的电磁波。地物燃烧时主要的辐射源是火焰和具有较高温度的碳化物、水蒸气、烟、CO，因此以地物未发生燃烧时的辐射为背景辐射，利用背景辐射和燃烧辐射的差异，就可以从卫星遥感信息中及时发现火灾情况。

本研究输入特征选择依据主要为尽可能选取与火灾发生时可能相关的观测变量。首先选取卫星观测获取的各个通道的反射率和亮温信息，这是因为火灾发生时，卫星接收到对应位置的反射率和亮温均会发生变化，但存在部分通道变化不明显、部分变化明显的情况。考虑到深度学习对各个特征深度挖掘的特性，因此本研究考虑将原始所有光谱信息作为输入特征；同时，为了避免不同通道反射率和亮温的共线性问题和多波段信息冗余的现象，本研究对原始光谱信息利用 PCA 算法实现对数据的降维，使其保留原始 95% 以上的信息。

维恩位移定律表明，当物体处于常温（300 K）时，其表面辐射的波长峰值约为 11 μm，它位于 AHI 的 14 号通道长波红外测量范围内。对于温度高于 500 K 的火灾，表面辐射的波长峰值约为 4 μm，对应于 AHI 的第 7 通道中红外。结合斯特凡-玻尔兹曼定律，随着火点温度上升，4 μm 波段的辐射增长率远大于 11 μm 波段。如图 5.11 所示，通道 14 亮温敏感性较差，通道 7 亮温随火势发展趋势波动明显，出现多个峰值，尤其是像元 A 亮温波动频率最高，峰值超过 320 K。此外，12:50 到 17:00，通道 7 亮温和亮温差增加最多，表明火场火势旺盛，识别热源像素的难度降低。17:00 以后，通道 7 和通道 14 亮温接近，亮温差也逐渐减小。次日凌晨 1:00 和 3:00 通道 7 和亮温差再次突增，上午 5:00 开始亮温差略微增加。因此本研究考虑引入卫星观测亮温差和亮温比值来表征不同波段间在着火和非着火期间的亮温差异，考虑到不同亮温通道差值和比值组合情况较多，且部分差值和比值存在较大相关性，因此针对亮温差和亮温比值，本研究使用 PCA 算法进行降维，同时保留原始 95% 以上的信息。

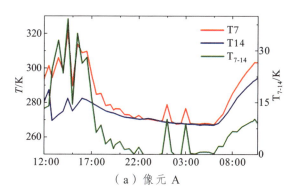

（a）像元 A

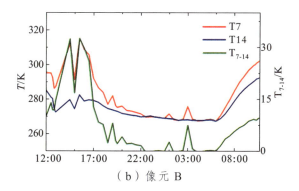

（b）像元 B

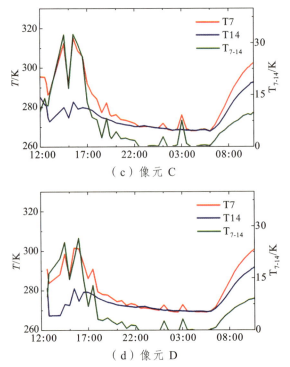

图 5.11　火点像元着火前后 7、14 通道以及亮温差时序变化

　　除卫星观测原始光谱信息、亮温差、亮温比值外，本研究同时考虑上下文信息，主要来自空间上下文算法中的计算获取，分别为目标窗口范围内 7、14 通道和 7 与 14 亮温差亮温均值，7、14 通道和 7 与 14 亮温差的标准差信息。

　　火灾发生在一定程度上具有较大随机性，但也存在一定规律，比如火燃烧需要一定可燃物以及火的扩散需要一定有利条件，这些条件与地理信息，如 DEM、土地利用类型、NDVI 等相关；火灾发生在一定程度上集中在特定时间和特定地点（如秸秆焚烧高发季和农田区），因此本研究引入经度、纬度、日期和时间等辅助信息作为输入，同时考虑卫星观测角度（卫星天顶角、卫星方位角、太阳天顶角、太阳方位角）的影响，如表 5.7 所示。最后，坡度（SLOPE）和坡向（ASPECT）对山火的发生和蔓延同样具有影响。坡度对林火发生和蔓延的影响基本呈中间高、两边低的状况。随着坡度增大，地表径流快，地面上的可燃物容易干燥，火险可能性也较高。坡向直接影响地面接收太阳辐射的程度，造成在不同坡向上温度差异。南坡接受太阳辐射多，其地面温度比北坡高，空气更干燥，更容易造成山火的发生。

表 5.7　输入特征表

ID	类型	输入变量								
1	原始光谱信息	R01	R02	R03	R04	R05	R06	T7	T8	
		T9	T10	T11	T12	T13	T14	T15	T16	
2	亮温差值	T7-T8	T7-T9	T7-T10	T7-T11	T7-T12	T7-T13	T7-T14	T7-T15	T7-T16
		T8-T9	T8-T10	T8-T11	T8-T12	T8-T13	T8-T14	T8-T15	T8-T16	
		T9-T10	T9-T11	T9-T12	T9-T13	T9-T14	T9-T15	T9-T16		
		T10-T11	T10-T12	T10-T13	T10-T14	T10-T15	T10-T16			
		T11-T12	T11-T13	T11-T14	T11-T15	T11-T16				
		T12-T13	T12-T14	T12-T15	T12-T16					
		T13-T14	T13-T15	T13-T16						
		T14-T15	T13-T16							
		T15-T16								
	亮温比值	T7/T8	T7/T9	T7/T10	T7/T11	T7/T12	T7/T13	T7/T14	T7/T15	T7/T16
		T8/T9	T8/T10	T8/T11	T8/T12	T8/T13	T8/T14	T8/T15	T8/T16	
		T9/T10	T9/T11	T9/T12	T9/T13	T9/T14	T9/T15	T9/T16		
		T10/T11	T10/T12	T10/T13	T10/T14	T10/T15	T10/T16			
		T11/T12	T11/T13	T11/T14	T11/T15	T11/T16				
		T12/T13	T12/T14	T12/T15	T12/T16					
		T13/T14	T13/T15	T13/T16						
		T14/T15	T13/T16							
		T15/T16								
3	上下文信息	MEAN_T7	MEAN_T14	MEAN_BT7						
		STD_T7	STD_T14	STD_BT7						
4	地理差异	DEM	SLOPE	ASPECT	LANDUSE	NDVI	LON	LAT		
	时间差异	DATE	TIME							
	观测角度	SOZ	SAZ	SOA	SAA					

山火检测模型输入变量中包括卫星反射率、亮温、亮温均值、观测角度等多种类型，而各个输入变量之间可能存在相关性，从而增加模型计算的复杂性。如果分别对每个变量进行分析，往往是孤立的，不能完全利用数据中的信息，因此盲目减少变量会损失很多有用的信息，从而产生错误的结论。由于各变量之间存在一定的

相关性，因此可以考虑将关系紧密的变量变成尽可能少的新变量，使这些新变量是两两不相关的，那么就可以用较少的综合指标分别代表存在于各个变量中的各类信息。因此本研究通过主成分分析（Principal Component Analysis，PCA）实现在减少需要分析的变量的同时，尽量减少原变量包含信息的损失，以达到对所收集数据进行全面分析的目的。

PCA 算法是一种基于线性映射的特征提取技术。通过一定变换将高维影像数据变换到一个新的低维空间,使高维数据的最大方差投影在第一个低维空间的坐标（即第一主成分分量）上，第二大方差投影在第二个低维空间的坐标（第二主成分分量）上，以此类推。利用少数几个主成分分量将原始高维影像数据最大限度地保留下来，第一主成分分量包含了原始高维影像数据中的绝大部分信息。PCA 算法主要利用协方差矩阵是一个实对角矩阵的性质，即方差最大化、协方差最小化，来进行降维。

对于山火模型的各个输入变量，可将其表示为 $\boldsymbol{X} = (x_1, x_2, \cdots, x_N) = (X_1, X_2, \cdots, X_P)^{\mathrm{T}}$，其中，$\boldsymbol{X}_N$ 为一个 $N \times 1$ 维的列向量，则 $\boldsymbol{X}$ 为一个 $N \times P$ 的矩阵，降维后的低维输出维度为 $d(d \ll P)$。主要步骤为如图 5.12 所示。

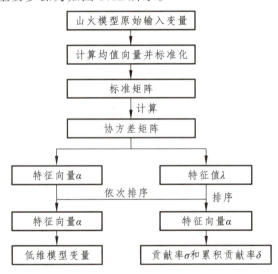

图 5.12　PCA 算法流程

（1）计算所有变量的均值。

$$\overline{X_k} = \frac{1}{N} \sum_{i=1}^{N} X_{ik} \qquad (5.20)$$

式中，$i = 1, 2, \cdots, N; k = 1, 2, \cdots, P$。

（2）计算原始高维数据零均值化的标准矩阵。

$$X_{ik}^* = \frac{X_{ik} - \overline{X_k}}{\sqrt{\mathrm{Var}(\overline{X_k})}} \tag{5.21}$$

式中，$\mathrm{Var}(\overline{X_k}) = \dfrac{1}{N-1} \displaystyle\sum_{i=1}^{N} (X_{ik} - \overline{X_k})^2$。

（3）计算所有向量的协方差矩阵。

$$\boldsymbol{D} = \frac{1}{N} \sum_{k=1}^{N} \boldsymbol{X}_{ik}^* (\boldsymbol{X}_{ik}^*)^{\mathrm{T}} \tag{5.22}$$

（4）计算协方差矩阵的特征值 $\lambda_1, \lambda_2, \cdots, \lambda_p$（$\lambda_1 \gg \lambda_2 \gg, \cdots, \gg \lambda_p$）及其对应的特征向量 $\alpha_1, \alpha_2, \cdots, \alpha_p$，并将特征值由大到小进行排序，其特征向量会随特征值的排序依次排列；通过得到的特征值，计算每个主成分所含的贡献率 σ_i 和累计贡献率 δ。

$$\begin{cases} \sigma_i = \lambda_i \big/ \sum \lambda_P \\ \delta = \sum \sigma_P \end{cases} \tag{5.23}$$

（5）取最大的 d 个特征值 $(d \ll P)$，将对应的特征向量 $\alpha_1, \alpha_2, \cdots, \alpha_d$ 组成转换矩阵 $A = [\alpha_1, \alpha_2, \cdots, \alpha_d]$，计算原始向量 $\boldsymbol{X}$ 降至 d 维的数据 $\boldsymbol{Y}$

$$\boldsymbol{Y} = \boldsymbol{A}^{\mathrm{T}} \boldsymbol{X} \tag{5.24}$$

变换后原始影像数据的绝大部分信息排在前面的几个主成分分量中，众多靠后分量包含的信息基本为噪声。因此，PCA 算法在一定程度上起到了降噪的作用。

本研究构建三通道 CNN 算法，每个通道均可对火点进行反演，CNN 算法具体描述如下：

卷积神经网络（Convolutional Neural Networks，CNN）是一类包含卷积计算且具有深度结构的前馈神经网络（Feedforward Neural Networks），是深度学习的代表算法之一，擅长处理图像特别是图像识别等相关机器学习问题。神经网络的基本组成包括输入层、隐藏层、输出层。而卷积神经网络的特点在于隐藏层分为卷积层、池化层（Pooling Layer，又叫下采样层）以及激活层。卷积层通过在原始图像上平移来提取特征，激活层能增加非线性分割能力，而池化层可以压缩数据与参数量，减小过拟合，降低网络的复杂度。其主要结构如图 5.13 所示。

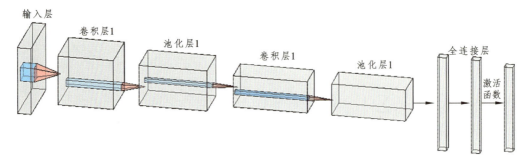

图 5.13　卷积神经网络

卷积层对输入图像进行转换，以从中提取特征。卷积神经网络中的核心即为卷积运算，其相当于图像处理中的滤波器运算。卷积核是一个小的矩阵，其高度和宽度小于要卷积的图像，它也被称为卷积矩阵或卷积掩码。对于一个 $m \times n$ 大小的卷积核 $\boldsymbol{W}$ 为

$$\boldsymbol{W} = \begin{bmatrix} w_{11} & \cdots & w_{1n} \\ \vdots & & \vdots \\ w_{m1} & \cdots & w_{mn} \end{bmatrix} \tag{5.25}$$

其对某一原图像 $\boldsymbol{X}$ 进行卷积运算的过程为：卷积核 $\boldsymbol{W}$ 中的每一个权值 w 分别和覆盖的原图像 $\boldsymbol{X}$ 中所对应的像素 x 相乘，再求和，计算公式为

$$z = w_1 x_1 + w_2 x_2 + \cdots + w_{mn} x_{mn} = \sum_{k=1}^{mn} w_k x_k = \boldsymbol{W}^{\mathrm{T}} \boldsymbol{X} \tag{5.26}$$

随着模型网络不断加深，卷积核越来越多，要训练的参数还是很多，而且直接拿卷积核提取的特征直接训练也容易出现过拟合的现象。CNN 使用的另一个有效的工具被称为"池化（Pooling）"，解决了上面这些问题。为了有效地减少计算量，池化就是将输入图像进行缩小，减少像素信息，只保留重要信息；为了有效地解决过拟合问题，池化可以减少数据，但特征的统计属性仍能够描述图像，而由于降低了数据维度，可以有效地避免过拟合。

对不同位置区域提取出有代表性的特征进行聚合统计，如最大值、平均值等，这种聚合的操作就叫作池化,池化的过程通常也被称为特征映射的过程(特征降维)。不同池化类型有着不同的作用：最大池化可以获取局部信息，可以更好保留纹理上

的特征，如果不用观察物体在图片中的具体位置，只关心其是否出现，则使用最大池化效果比较好；平均池化往往能保留整体数据的特征，实出背景的信息；随机池化中元素值大的被选中的概率也大，但不是像最大池化总是取最大值，一方面最大化地保证了最大值的取值，一方面又确保了不会完全是最大值起作用，造成过度失真。

全连接层位于卷积神经网络的末端，其作用主要是进行分类。前面通过卷积层和池化层得出的特征，在全连接层对这些总结好的特征做分类。全连接层就是一个完全连接的神经网络，根据权重每个神经元反馈的比重不一样，最后通过调整权重和网络得到分类的结果。

卷积层+激活层+池化层可以看成是 CNN 的特征学习/特征提取层，而学习到的特征（Feature Map）最终应用于模型任务（分类、回归）：首先对所有特征图进行扁平化（Flatten，即 reshape 成 $1 \times N$ 向量），再接一个或多个全连接层，进行模型学习。

本研究构建三通道联合预测概率为

$$P = W_{01}P_{01} + W_{02}P_{02} + W_{03}P_{03} \tag{5.27}$$

式中，01 代表原始光谱信息、亮温差值、亮温比值、地理时间信息组成的通道；02 代表原始光谱信息、上下文信息、地理时间信息组成的通道；03 代表原始光谱信息、亮温差值、亮温比值、上下文信息、地理时间信息组成的通道；W 代表权重；P 代表联合预测概率，$P_i(i = 01, 02, 03)$ 代表某一通道的预测概率。

归一化后的权重 W_i' 为

$$W_i' = \frac{W_i}{W_s + W_c + W_o} \tag{5.28}$$

式中，W_i 表示某一通道权重，W_i' 表示对权重的归一化

某一通道权重 W_i 为

$$W_i = \left(\frac{c_1}{(1 - \text{TPR}) + \varepsilon} + c_2 \right) \cdot \ln \left(\frac{c_3}{\text{FPR} + \varepsilon} \right) \tag{5.29}$$

式中，c_1、c_2、c_3 为待优化系数；ε 为 $1e - 5$；TPR 为真正例率；FPR 为假正例率。

$$\text{TPR} = \frac{\text{TP}}{\text{TP} + \text{FN}} \tag{5.30}$$

$$FPR = \frac{FP}{TN + FP} \tag{5.31}$$

应使得 TPR 越高，权重越大；FPR 越高，权重越低。对于火点来说，最终使得实际为火点的预测为火点的概率尽可能大，实际为非火点的预测为火点的概率尽可能小。

c_1、c_2、c_3 采用粒子群优化算法（PSO）获取最优值，粒子群优化算法的基本概念源于对鸟群捕食行为的研究。该算法是从这种生物种群行为特征中得到的启发并用于求解优化问题，算法中的每个粒子都代表问题的一个潜在解，并且对应一个由适应度函数决定的适应度值。粒子的速度决定了粒子移动的方向和距离，而速度是随自身及其他粒子的移动经验进行动态的调整，从而实现个体在可解空间中的寻优。

粒子群算法中包含的一些基本的参数和概念，主要有：粒子、种群、粒子的速度和位置，适应度函数，个体和群体极值。其中，粒子是算法中的基本单位，若干个粒子组成一个种群。种群中每个粒子都具有一定的速度和适应度值，其中，速度决定了粒子搜寻的方向和距离长短，适应度值则由被优化的函数决定。粒子群算法进化结束时得到的适应度函数的值，就是粒子通过迭代找到的最优解。粒子群算法的数学模型可以描述为：在一个 d 维搜索空间中，存在着一个有 k 个粒子的种群，其中 $k = (1, 2, \cdots, k)$，设 $X_k = (x_{k1}, x_{k2}, \cdots, x_{kd})$ 为第 k 个粒子在 d 维搜索空间中的位置，$V_k = (v_{k1}, v_{k2}, \cdots, v_{kd})$ 为第 k 个粒子在 d 维搜索空间中的速度。在每一次迭代中，粒子通过跟踪个体极值（pbest）和群体极值（gbest）来更新自身的速度和位置：个体极值（pbest）即粒子本身找到的最优解，可以表示为 $p_k = (p_{k1}, p_{k2}, \cdots, p_{kd})$；群体极值（gbest）即整个种群中所找到的最优解，可以表示为 $p_g = (p_{g1}, p_{g2}, \cdots, p_{gd})$；粒子 1 更新自身速度和位置的公式如下

$$v_{k,d}^{m+1} = w v_{k,d}^m + c_1 r_1 (p_{k,d}^m - x_{k,d}^m) + c_2 r_2 (p_{g,d}^m - x_{k,d}^m) \tag{5.32}$$

$$x_{k,d}^{m+1} = x_{k,d}^m + v_{k,d}^{m+1} \tag{5.33}$$

式中，种群 k 的大小一般设置在 $10 \sim 40$ 之间；m 为迭代寻优的次数；w 为惯性权重，描述的是粒子的当前速度受先前速度的影响（当 w 取值较大时，粒子的前一速度影响较大，有利于全局搜索；当 w 取值较小时，粒子前一速度影响较小，此时更有利于后期局部搜索；选择合适的 w 的值，可以让粒子具备比较均衡的探索能力和开发

能力）；r_1、r_2是随机数，它们的取值在 0 到 1 之间；c_1、c_2为学习因子，这个参数表征粒子的自我总结能力以及向种群中其他优秀粒子学习的能力，多数情况下设置在 0～4 之间；p_k为个体最优解；p_g为种群最优解。

PSO 是根据自己的速度来决定搜索，它保留了基于种群粒子的全局搜索方法，使用速度-位移模型。该算法容易实现，参数少，避免了遗传算法交叉、变异的复杂操作，其基本计算步骤如图 5.14 所示。

（1）对粒子群的种群规模、加速常数、最大迭代次数、每个粒子的初始速度和初始位置进行初始化。

（2）对种群各粒子按照适应度函数进行适应度计算。

（3）对每一个粒子，将当前的适应度值与个体历史的最佳适应度值作比较，若当前粒子的适应度值优于历史最佳，则将当前粒子位置作为个体历史最佳位置。

（4）对种群所有粒子的当前适应度值与全局最佳适应度值作比较，如果某一粒子的适应度值优于全局最佳适应度值，则将这一粒子的当前位置作为全局最佳位置。

（5）通过迭代更新公式进行运算，更新粒子群的速度和位置。

（6）判断算法是否满足结束条件，若满足条件，则停止搜索，输出搜索到的最佳结果，否则，返回步骤（2）。

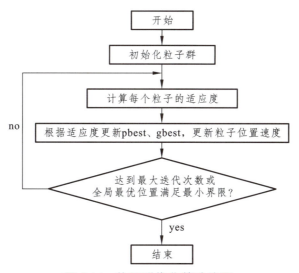

图 5.14　粒子群优化算法流程

5.6.3 虚假火点去除

本研究中虚假火点去除主要包括固定高温热源去除和耀斑影响去除两部分。其中固定高温热源形成虚假火点库，并可以根据实际山火监测过程中不断更新虚假火点库，以降低火点识别虚警率。

1. 耀斑点去除

遥感影像中的水陆边界和卷云边界处由于卫星传感器的观测角度问题，有时会将太阳光反射回去，导致中红外波段的亮温观测值异常，不利于真实火点识别。本研究使用地球表面到卫星的向量与镜面反射方向之间的角度来判定，该角度定义为

$$\cos\theta_r = \cos(\theta_v)\cos(\theta_s) - \sin(\theta_v)\sin(\theta_s)\cos(\psi) \tag{5.34}$$

式中，θ_r 为地球表面到卫星的向量与镜面反射方向之间的角度；θ_v 和 θ_s 分别为卫星天顶角和太阳天顶角；ψ 为相对方位角，通过卫星方位角和太阳方位角计算获取。

然后通过以下条件进行判别：

$$\begin{cases} \theta_r < 30 \\ albedo03 > 0.3 \\ albedo04 > 0.3 \end{cases} \tag{5.35}$$

式中，$albedo03$、$albedo04$ 为通道 3、通道 4 反射率。

如果同时满足上式，火点像元被确认为太阳耀斑影响，对其进行去除。

2. 光伏板提取

山火遥感监测主要依靠火点与其他地物的亮温差异。光伏板等特定地物在特定角度下引发的耀斑常常会造成山火监测的虚假告警，提取大面积光伏板有助于综合研判山火监测中的火点置信度，排除虚假火点，提高山火遥感监测运行效率。

当前在遥感影像语义分割方面已有许多技术方案，然而尚未有对光伏板的大面积提取研究。早期，主要依靠目视解译、简单机器学习等方法进行遥感影像分割，然而分割效果普遍较差、迁移难度普遍较高。近些年随着深度学习的发展，许多学者将各类神经网络引入到遥感影像语义分割任务中，提取遥感影像的高维语义特征，实现了较好的识别与迁移效果。

当前，光伏板提取相关的研究相对较少，主要依靠亚米级的无人机数据对居民区等小面积的屋顶光伏板进行提取，对于市级、省级等大范围区域的光伏电站提取

应用较少。本研究基于以 ResNet-50 为骨干网络的 DeepLabV3+语义分割模型作为基准模型，与其他成熟语义分割网络进行对比，克服光伏板样本不均衡等难点，在云南省昆明市进行大面积光伏板精确提取实验，并推广到云南省全域，实现了基于中高分辨率遥感图像的省域大面积光伏板精确提取。

3. 基于改进 DeepLabV3+的云南省光伏板提取

1）DeepLabV3+网络

DeepLabV3 是在 DeepLabV2 的基础上改进而来，主要对空洞空间金字塔池化（ASPP）模型进行了优化，加入了 BN 层，解决了网络多尺度识别的问题，并增加了全局平均池化以便更好地捕捉全局信息。在此基础上，将编码器-解码器结构融入 DeepLabV3，即形成了 DeepLabV3+网络，能够实现低层特征与高层特征的融合，提高分割边界的准确度。

DeepLabV3+网络模型结构如图 5.15 所示，原始影像在骨干网络的特征提取中，形成了低维特征图和高维特征图。高维特征继续通过并行的 1 个 1×1 卷积层、3 个空洞卷积层和 1 个全局平均池化层，即空洞空间金字塔池化（ASPP）结构，经过特征图拼接、1×1 卷积、上采样进入解码器结构；而低维特征信息直接传入解码器结构进行 1×1 卷积。在解码器部分，将低维特征图与高维特征图进行拼接，随后进行 3×3 卷积和上采样，输出语义分割结果。

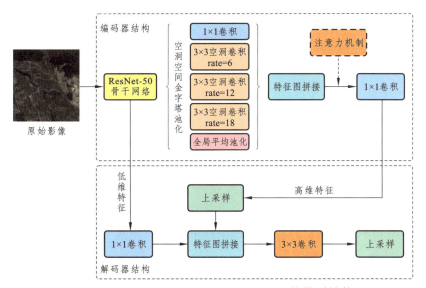

图 5.15　DeepLabV3+网络模型结构

2）骨干网络的选择

原始的 DeepLabV3+网络采用了 Xception 网络作为骨干网络，其参数量约为 22.8 M，考虑到计算成本开销，本研究选用了在计算机视觉领域广泛应用的 ResNet-50 作为骨干网络，其参数量虽然仅为 0.85 M，但在各类图像任务中均有着较好的表现。

ResNet-50骨干网络的结构如图 5.16 所示。原始影像经过常规的卷积 BN 和 Relu 计算过程，进入第二阶段的池化与残差块计算。ResNet-50 网络采用的残差块为 BottleNeck 结构，残差块的引入不仅减少了参数数量，进而减少了计算量，而且能够更加直观有效地进行网络训练与特征提取。阶段 2 的输出即为输入 DeepLabV3+ 解码器结构的低维特征，而阶段 5 计算得到的高维特征将传入空洞空间金字塔池化模块进行多尺度特征整合。

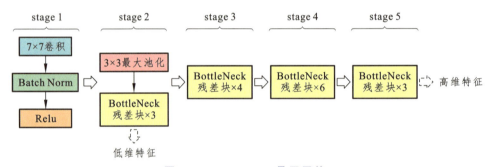

图 5.16　ResNet-50 骨干网络

3）注意力机制的选择

当前已有多种注意力机制模块被广为应用，本研究对 SE 模块、ECA 模块与 CBAM 模块进行对比实验，以确定最佳的注意力机制模块。SE 模块通过 Squeeze 操作，将通道信息编码为一个全局特征，让模型更加关注信息量更大的特征，抑制不重要的通道特征，进而提升模型精度。然而 SE 模块在通道信息编码过程中进行了压缩降维，不利于通道间依赖关系的学习。ECA 模块通过 1 维卷积替换了 SE 模块的压缩降维过程，实现了局部跨通道交互，是更先进的通道注意力机制模块。CBAM 模块是对 SE 模块的进一步改进，在通道注意力之外加入了空间注意力机制，使模型能够更加关注识别待分割地物本身。

4. 提取结果对比分析

1）基于原始 DeepLabV3+网络的光伏板提取

在训练到第 75 个 epoch（见图 5.17）时，DeepLabV3+模型便趋于稳定，验证集上的 MIoU（平均交并比）最高值（见图 5.18）在第 163epoch 处取得，达到了 0.942 7。其中，光伏板的提取精准率达 0.947 2，召回率为 0.934 9，交并比达 0.888 6。

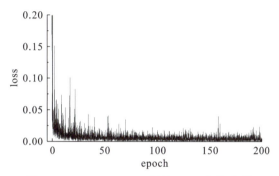

图 5.17　DeepLabV3+训练 loss 变化曲线

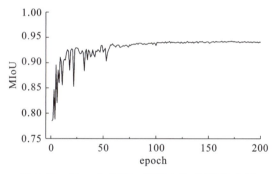

图 5.18　DeepLabV3+训练 MIoU 变化曲线

为了明确 DeepLabV3+网络的精度优势，本研究将 DeepLabV3+网络与其他常用的语义分割网络进行对比，主要包括：Unet、FastSCNN、HRNet、BiSeNetV2，具体结果如表 5.8 所示。

表 5.8　不同语义分割网络的提取精度

网络	Precision	Recall	IoU	MIoU
DeepLabV3+	0.947 2	0.934 9	0.888 6	0.942 7
Unet	0.919 1	0.927 0	0.857 1	0.926 4

续表

网络	Precision	Recall	IoU	MIoU
FastSCNN	0.882 7	0.897 0	0.801 5	0.897 6
HRNet	0.929 0	0.939 6	0.876 6	0.936 4
BiSeNetV2	0.889 9	0.880 5	0.794 0	0.893 8

　　在多种语义分割网络的识别结果中，DeepLabV3+网络的各项指标均为最佳，光伏板的 IoU 与 Precision 普遍高于其他网络；Unet 与 HRNet 的精度次之，FastSCNN 和 BiSeNetV2 由于都使用了轻量级骨干网络，其精度普遍比其他网络更低。

　　从实际分割效果上看（见表 5.9），在场景 1 中，DeepLabV3+、HRNet 的整体预测效果较好，Unet、FastSCNN 出现了较多的空洞与错提，而 BiSeNetV2 出现了大面积的漏提。在场景 2 中，DeepLabV3+对不同光伏板区域间分离效果最好，对于光伏板间的裸地与道路能够进行高精度的提取；HRNet 次之，对光伏板间道路识别较差，对光伏板间裸地提取较好；Unet 与 FastSCNN 对光伏板间道路与裸地识别均较差；BiSeNetV2 只能实现整体轮廓的提取，很难分辨到光伏板区域内部的特征。在场景 3 中，HRNet 能够精准识别到不同光伏板区块的分隔界限，而 DeepLabV3+等其他网络都难以分辨。

表 5.9　典型场景下不同语义分割网络结果对比

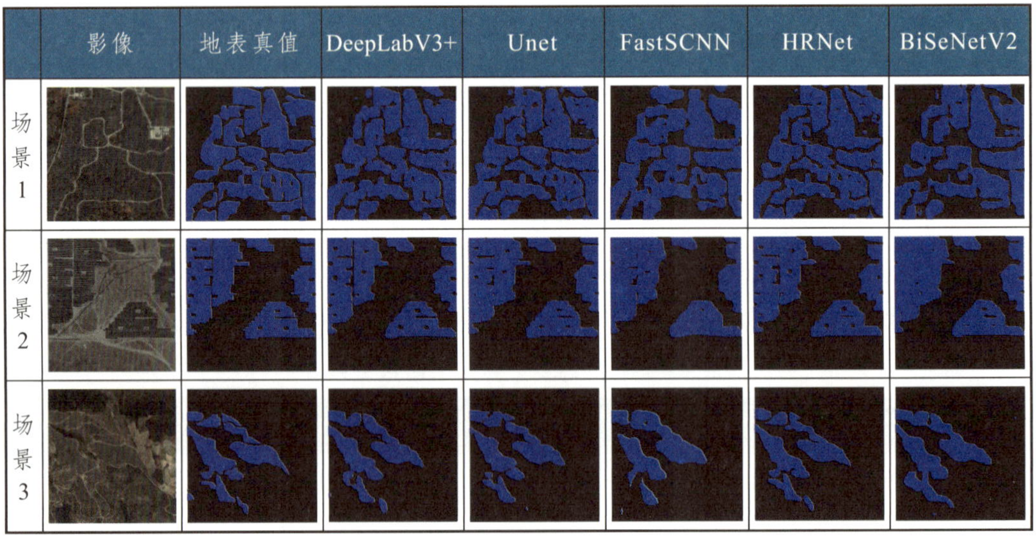

综合定量与定性对比结果，DeepLabV3+在大部分场景表现最佳，HRNet 次之，在个别场景能达到优于 DeepLabV3+的效果；Unet 网络容易缺失细节；FastSCNN 和 BiSeNetv2 效果最差。

2）不同骨干网络的精度对比

更深层的骨干网络能实现更多的特征信息提取，本研究将 DeepLabV3+的骨干网络由 Resnet-50 改为网络层数更改为 Resnet-101，以探究在更深特征提取网络下的光伏板提取效果，其结果如表 5.10 所示，结果显示：更换骨干网络后 IoU 仅提升了约 0.3%。在典型提取场景中（见表 5.11），Resnet-101 作为骨干网络在场景 1 中虽然使得不同光伏板区块间分离比较好，但出现了比较严重的漏提；在场景 2 中，两个网络均能实现较好的提取。然而，由于 Resnet-101 的参数量较多，批大小需调整为 12，整体训练速度较慢。综合而言，将 Resnet-50 作为 DeepLabV3+的骨干网络进行光伏板识别，费效比最佳。

表 5.10　不同骨干网络的 DeepLabV3+提取精度

网络	Precision	Recall	IoU	MIoU
DeepLabV3+（Resnet-50）	0.947 2	0.934 9	0.888 6	0.942 7
DeepLabV3+（Resnet-101）	0.951 2	0.934 1	0.891 4	0.944 1

表 5.11　不同骨干网络的 DeepLabV3+典型提取结果

	影像	地表真值	DeepLabV3+（Resnet-50）	DeepLabV3+（Resnet-101）
场景 1				
场景 2				

续表

影像	地表真值	DeepLabV3+（Resnet-50）	DeepLabV3+（Resnet-101）
场景3			

3）不同注意力机制的精度对比

近年来注意力机制被广泛应用于计算机视觉领域，能够显著提升深度学习的模型性能。在本研究中，加入了注意力机制的 DeepLabV3+网络均能够显著提升网络精度，如表 5.12 所示。

表 5.12　不同注意力机制的 DeepLabV3+提取精度

网络	Precision	Recall	IoU	MIoU
DeepLabV3+	0.947 2	0.934 9	0.888 6	0.942 7
DeepLabV3+（SE）	0.974 2	0.937 5	0.914 8	0.956 5
DeepLabV3+（ECA）	0.968 8	0.916 7	0.898 4	0.944 0
DeepLabV3+（CBAM）	0.970 5	0.948 4	0.921 9	0.960 1

在 3 类注意力机制中，引入通道注意力机制的 SE 模块将精准率显著提升了 2.7% 左右，进而使得光伏板 IoU 有 2.6%的提升，而 ECA 模块虽然是由 SE 模块改进而来，但并未展现出明显更佳的效果；CBAM 在 SE 模块基础上加入了空间注意力机制，不但将精准率显著提升了 2.3%，并且将召回率提升了 1.4%，进而使得光伏板 IoU 提升了 3.33%。

从典型提取场景（见表 5.13）中看，场景 1 和场景 3 中各光伏板区块间均有着较好的分离效果，但 SE、ECA 模块出现了较严重的漏提现象，CBAM 模块的提取效果最佳，特别在场景 3 中，保留整体范围的同时，保证了区块间极佳的分离效果。在场景 2 中，SE 效果最佳，ECA 和 CBAM 出现了部分区域的错提。综合而言，CBAM 模块的提取效果最佳。

表 5.13　不同骨干网络/注意力模块的 DeepLabV3+典型提取结果

影像	地表真值	DeepLabV3+ （SE）	DeepLabV3+ （ECA）	DeepLabV3+ （CBAM）
场景 1				
场景 2				
场景 3				

4）云南省光伏板提取结果

基于 Mapbox15 级切片卫星影像，对云南省全境光伏板进行提取，并按照行政区划统计面积，结果如表 5.14 所示，云南省光伏板总面积约 40.149 km²，在各市、自治州中，大理白族自治州和楚雄彝族自治州的光伏板面积总量最多，均达到了 6 km² 以上，分别占全省总面积的 15.86% 和 15.30%；迪庆藏族自治州的光伏板面积最少，仅占全省总面积的 0.09%。

表 5.14　云南省各市/自治州光伏板面积

市/自治州	光伏板面积/km²	市/自治州	光伏板面积/km²
保山市	0.129	临沧市	0.438
楚雄彝族自治州	6.144	怒江傈僳族自治州	0.744
大理白族自治州	6.366	普洱市	0.590
德宏傣族景颇族自治州	1.011	曲靖市	2.858
迪庆藏族自治州	0.038	邵通市	1.073
红河哈尼族彝族自治州	4.116	文山壮族苗族自治州	4.277
昆明市	2.370	西双版纳傣族自治州	2.066
丽江市	3.684	玉溪市	4.244

第 6 章 基于深度学习的视频监控山火智能识别方法研究

6.1 引 言

随着当今社会进步，全国发展日新月异，各行各业对电力资源的需求也在逐年递增，而电力资源多集中在西部地区。受我国地形"西高东低，成三级阶梯，南北跨度大"特点的影响，电网战略规划"五横五纵"横跨东西，南北相接，穿越我国所有省市地区。加之我国地域辽阔、地形错综复杂。架空输电线路作为我国"西电东送"的重要通道，不得已而穿过各种复杂的地貌地形，也给输电线路稳定性带来严峻的形势考验[25-26]。

输电线路是电网运行的命脉，是关系国计民生的"生命线"，是国家经济发展的重要脉络。随着我国电力行业的不断扩大和发展，每年在电力行业的整体投资达千亿元，且输电设备在国家电网建设上的比重越来越大。我国已基本建成了一系列有利于国民经济的工程，例如西电东送工程、南北互供工程等，不仅使全国范围内的资源配置优化，而且还提高了供电的效率和安全性，在这一背景下我国所建设的特高压、高压输电线路分布广，输送距离长，电网分布跨越多省市区。截至 2020年底，全国 10 kV 线路回路总长 5 373 944 km，其中架空线路长 4 370 750 km，电缆线路长 1 000 586 km；10 kV 架空线路城市线路长 475 645 km，农村线路长 3 895 104 km。截至 2022 年，全国电网 220 kV 及以上输电线路回路长 84 万 km。随着输电线电压的不断提高和输电线线路长度的不断增长，输电线路网络的安全、稳定、高效运行越来越重要。

我国经济的迅速发展，也对电力安全提出了新的要求。输电线路正常送电需要稳定的环境，一旦受到严重的外部破坏，线路故障就会暂停送电。线路故障跳闸也会引起整个电网系统错乱崩溃，严重的话，甚至会造成地区大规模停电。近年来，我国采取"退耕还林"的森林保护政策，使森林覆盖率和植被密度显著增加，却为火灾的爆发提供了大量的燃烧物。在全球变暖等气候异常因素的影响下，高温、低湿度、连续干旱和大风速等高风险性天气发生频率越来越高，全球山火爆发的次数呈快速上升趋势。山火的突发会产生大面积的浓烟，浓烟会破坏空气的绝缘性，导致线路带电体周边空气间隙被击穿而跳闸，引起重大电力事故。

为了适应经济发展的需要，电网规模加速发展，跨越林区的输电线路越来越多。一旦火灾发生，极易蔓延到架空输电线路周边，密集的烟雾会导致停送电，特别是当多条输电线路同时受到山火影响时，会对电网系统的安全构成重大威胁。复杂的地形环境，给线路恢复送电造成了很大的难度，更不利于地区的发展。因此，及时预警山火就能有效控制线路周边的山火蔓延，减小外部破坏，保障系统输电线路运行稳定性。

输电线路作为电能传输的重要环节，架空线路的稳定性受到了社会各界的重视。由于输电线路穿越山区的现实情况，往往受到森林火灾的威胁。特别是在干燥的秋、冬季节，农民耕作点火烧草、祭祖焚香、燃放鞭炮等原因都会导致山火燃起。如不及时控制，造成火情扩大，后果不堪设想。因此，如何防止线路周边偶发山火等问题，已引起电力及相关部门高度重视。

本研究以云南省的森林山火为例作为研究对象。云南省正处于林业生态建设和产业快速发展的关键时期，生态建设各项工作推进力度不断加大，森林资源总量不断增长。2016 年云南省第四次二类调查结果显示，森林面积、森林蓄积量呈"双增长"态势，加之近年受极端气候影响，林区地表可燃物载量剧增，且大部分地区林种油脂含量高，极易发生森林大火。同时，云南省又是举世闻名的"植物王国""动物王国"，是全国动植物种类最多的省份，集中了从热带、亚热带至温带其至寒带的大多数种类；全省有 160 处自然保护区，其中国家级自然保护区 21 处、省级自然保护区 38 处。随着国家对生态建设的高度重视，保护野生动（植）的任务也越来越重，防火压力巨大。云南省 94% 的面积是山区，地形分为东西两大地形区。东部为滇东、滇中高原，平均海拔 2 000 m；西部高山峡谷相间，地势险峻，山岭和峡谷相对高差超过 1 000 m。特别是全省大部分林区以云南省松、思茅松等针叶林为主，天然次生林、人工中幼林面积大，灌木丛生。一遇火源，地下火、地表火、树冠火将立体推进，且推进速度十分迅猛，极易在短时间内形成大面积、高强度的森林火灾。

2019 年 2 月云南省大理州大理市海东镇文笔村委会后山突发森林火灾。经过调查，此次森林火灾起火原因是一起高压电线路碰火引发的。2019 年 4 月，云南省昆明市五华区龙池山地区发生森林火灾，森林火灾现场风力达 4 至 5 级，火场态势为急进地表火，火场植被茂密，火势大，且火场内分布有高压线，极度危险，为电力设施森林火灾防范工作敲响警钟。

在以前，为保证线路不发生山火跳闸故障，运维单位会派专人蹲守来监控周边情况，特别是山火易发区段更会增设护线驿站，加强人员现场蹲守进行重点监控。这种方式在山火预警方面不仅消耗大量的人力物力，还起不到明显的作用，这让运维单位感到无所适从。经过研发，设计了一种输电线路防山火预警系统。系统不仅可以实现全天候对山火异常情况进行在线监测，还可以起到自动识别火灾并及时报警提醒的作用。系统真正实现了线路周边火源预警，以便人员及时控制火势，做到时时刻刻保障电力安全输送。

利用基于深度学习的火灾监测技术实现了全天候对输电线路通道走廊地区进行山火情况的监控预警。高精度的预警效果使防山火外破工作变得更加主动，为保障输电线路稳定性提供巨大支持。监测到火情立刻回传主控系统，并反馈给每一个区段负责人，工作人员积极响应扑灭控制火势形成一条高统筹的闭环流程。火势得到控制就不会产生大量烟雾来破坏线路输电，因而达到了避免山火引发线路跳闸的目的，直接解决了山火突发的外破威胁。这不仅降低了值守人员在野外的工作强度，同时也减少了人力物力的投入。不让火苗燃起，不让火焰蔓延扩大，不让运行中的线路受到山火破坏，山火将得到有效的控制，对输电线路稳定送电具有重要意义[27-28]。

基于深度学习的火灾监测技术引入电网中，很大程度上解除了火灾对输电线线路的威胁，此技术不仅提高了工作速度，还极大地降低了人力的投入，有效保证了输电线线路的稳定运行，具有极大的应用前景。

6.2 山火监测难点与研究现状

高压输电线路通道巡检是保证输电网安全最重要的措施之一，但是由于高压电塔分布范围较广且多处于山岳丛林地带，导致人工巡检作业难度大、时间长、危险多、效率低。为了解决上述问题，使用无人图像采集装置（如杆塔上的固定采集设备、摄像头、无人机照相等）对输电通道上的关键对象进行检测，均可以改善人工巡检面临的各种困难。然而在对采集到的图像处理时，准确率受制于检查人员的观察技能水平，同时还存在视觉疲劳导致漏检率上升的隐患，所以基于深度学习的烟雾检测技术巡检图像进行山火预警具有重要意义[29]。

但是，目前针对电网运行需要而言，对山火监测还存在时效性不足、设备分辨率不高、缺乏管用且有效的山火风险预警技术等问题，制约了输配电线路安全运行水平和供电可靠性的提高。基于图像的山火识别方法仍存在不少问题，主要是算法的识别准确率较低，在实际的监测环节中，山火仍然依赖人工进行复核确认。识别准确率低的根本原因：一是现有的火焰表征特征并不能很好地从本质上代表火焰本身；二是当前山火识别算法的普适性还不强，易受环境变化的影响；三是烟火本身的特性极易和背景混淆，尤其是薄烟在云雾的干扰下，极难分辨；四是采集设备时云南省塔线下烟雾图像拍摄距离不同，以及山火烟雾尺度多变的特点，烟雾目标大小差异较大。如图 6.1 所示为云南省地区塔线下的烟雾图像示例，图（a）所示的夜景下的火格外明显，但是烟雾在背景的干扰下，人眼分辨不是特别清晰，不仅给手工标注带来了困难，想要第一时间预警火灾发生也是极难的；图（b）和（c）显示白天的烟雾视图，一远一近，均是薄雾状态，视觉上很模糊，给火焰识别带来了巨大挑战[30]。

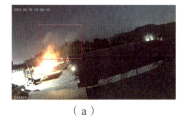 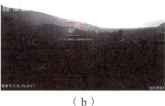 

（a） （b） （c）

图 6.1 云南省地区塔线下的烟雾图像示例

在山火烟雾检测领域，目前主流的技术主要分为两类：一类是基于图像的山火烟雾检测算法；另一类是基于视频的烟雾检测算法。

基于图像的山火烟雾检测算法有基于颜色特征的山火识别、基于纹理特征的山火识别和基于多特征融合山火识别等方法。山火火焰颜色受现场环境因素影响较大，如燃烧物成分和燃烧充分度等均会导致火焰颜色不同。因此基于颜色特征进行山火图像提取的方法健壮性较低，现场实际运行监测误差比较大[31]。基于纹理特征山火识别是利用火焰的不透明性会改变图像的纹理特征的特点，采用灰度共生矩和局部二值模式等方法提取火焰的纹理特征并作为判断火焰的图像的依据，此方法具有较好的健壮性，但仍容易受到现场环境的动态变化和复杂背景的干扰[32]。为此有学者提出基于多特征融合山火识别方法，将形状变化、面积变化和频闪特征等动态特征与颜色和纹理等静态特征等多特征使用模糊逻辑、串并行处理法、D-S 证据理论等方法融合起来对火焰进行识别，一定程度上改善了视频监测环境的复杂性和动态性带来的影响。以上识别方法多结合 BP 神经网络、支持向量机和贝叶斯分类等传统分类识别算法进行火焰图像的分类，该方法需要人工提取特征且过程极为繁琐，导致其最后识别成功率并不高。对此，有学者结合深度学习等对识别算法进行了改进和研究，如 Wu 等人分别训练了区域检测网络和区域分类网络，实现对火灾的判定。蔡等人将图像传入预训练的 AlexNet 卷积神经网络模型进行火焰的精准识别。Cheng 等人提出一种融合了改进的混合高斯 YOLOv2 的烟雾检测算法。Valikhujaev 等人提出了一种基于卷积神经网络的火灾检测方法，并使用小尺寸滑窗和空洞卷积来进一步提升精度。李钢等人依据差分图像的像素值呈正态分布提出了一种改进的局部三值模式（CLLTP），进而提出了基于 CLLTP 的组合特征模型（M_CLLTP）。Li 等人提出了基于 Faster-RCNN、R-FCN、SSD 和 YOLOv3 等框架的火灾检测模型，并进行实验证明基于神经网络的火灾检测算法的精度高于传统算法。由于烟雾的形状和颜色变幻无穷，相比其他目标有极大的不确定性，并且输电通道图像背景极其复杂，而传统图像检测方法存在泛化能力较差和需要人工设计特征提取方式的缺点，所以，基于深度学习的目标检测算法非常契合在大量巡检图像中自动检测山火目标的需要。

基于视频的烟雾检测算法，此类算法大多数基于光流法。Zhao 等人提出了一种基于多种纹理特征的烟雾检测算法，该算法在背景建模时融合了视频像素点的时间和空间信息。Li 等人提出一种基于光流和 YOLOv3 的烟雾检测方法，该方法通过光流算法对目标进行初筛，然后再用 YOLOv3 检测。Wu 等人提出一种基于时空域深度学习的烟雾视频检测方法，利用分块动目标检测方法提取烟雾视频的运动目标，过滤非烟雾目标。

6.3　技术背景

目前的算法已经验证了 DCNN 在烟雾目标语义分割上的性能。但是 DCNN 是固定的几何结构，它的感受野通常被限制在局部区域，没有考虑到不同图像区域之间的依赖关系，而这种依赖可以有效地表达有用的空间结构信息。此外随着网络逐渐加深，特征的上下文依赖信息也难以得到保障，这些限制给基于 DCNN 的语义分割带来了巨大的负面影响。通常的解决办法是使用各种方式获取更大的感受野，比如堆叠更多的卷积操作，使用带有不同采样率的空洞卷积，基于不同区域的池化操作，在局部决策上添加一种图形模型等。但是这些方法都存在一些缺陷：基于空洞卷积的方法由于卷积核的限制，只能从周围少量的像素中收集信息；基于池化的方法由于其池化区域比较固定，只能通过非自适应的方式聚集上下文信息，且无法满足不同像素要求不同上下文依赖的要求；增加图形模型，如全连接条件随机场，则会急剧增加算法的复杂度。这些方法会导致网络出现计算效率低、优化困难以及多跳依赖建模困难的问题。

基于循环神经网络（Recurrent Neural Network，RNN）的方法能有效学习序列数据的上下文依赖，因此很多方法将它引入计算机视觉任务。但是 RNN 存在两个比较明显的问题，第一是梯度消失/爆炸，第二是长期依赖的影响会被短期依赖所掩盖。长短时记忆网络（Long Short-Term Memory，LSTM）通过增加门机制有效地缓解了 RNN 中的问题，但是 LSTM 的内部结构过于复杂，给网络训练带来一定的困难，且需要消耗更多的资源。针对 LSTM 存在的问题，Cho 等提出了一个门控循环单元（Gated Recurrent Unit，GRU）。Chung 等通过对比分析发现，GRU 可以获得和 LSTM 相当的性能，而在计算复杂度和网络收敛方面则能做得更好。因此，我们在模型中引入 GRU 模块以学习目标的上下文依赖信息。原始 GRU 主要是用于处理一维序列数据。为更好地捕捉二维特征的空间相关性同时学习特征的上下文依赖信息，我们将原始 GRU 改造为卷积 GRU 并加入注意力机制，以增强网络对可区分性特征的表达能力。

正如前文中提到的，除了上下文依赖问题，在烟雾语义分割中还存在一些比较明显的限制，如由于监控范围过大造成的不显著烟雾目标问题，火灾处于不同阶段导致的多尺度烟雾问题，以及由于目标类间相似性（也可称为混淆类）导致的错误分割问题等。图 6.2 中给出了与这些问题相关的一些实例。

以上问题的产生，其根本原因是缺乏可区分性特征。因此，为获取可区分性更强的特征，我们会沿用前面中的自底向上特征融合模型，但是会将基础网络替换为对特征具有更强表达能力的 Xception 网络，同时在特征融合过程中加入提出的注意力卷积 GRU。对于不显著目标，可区分的上下文局部特征是其关键，因此我们提出了一种多尺度上下文对比局部模块（Multi-scale Context Contrasted Local，MCCL），

图 6.2　一些具有挑战性的烟雾图像

该模块可以通过局部特征和上下文特征之间的对比获取局部可区分特征。理解全局场景语义对于消除由于外形细微差别带来的歧义是非常必要的，比如，云、雾和烟雾的局部特征是非常相似的，但是当加入场景语义后，它们可以很容易被区分开。因此，我们会通过两种方式来解决类间相似性问题：第一，从特征角度提出一个密集金字塔模块（Dense Pyramid Pooling Module，DPPM），通过密集连接不同步长的池化操作，聚合更多不同区域的上下文信息；第二，从类别角度在整体框架中增加一条并行的分类分支，利用目标的最高阶语义作为辅助判别信息。两者相辅相成，当分类分支判定目标为非烟雾图像时，即使语义分割网络出现类似目标的误判，也可通过分类结果消除这个错误；当分类分支判定目标为烟雾图像，而图像中同时存在多种相似目标时则可利用 DPPM 进行区分。

综上所述，现阶段研究主要贡献可归纳为：

（1）为了进一步提升山火烟雾的检测精度，提出了一个基于多任务门控循环网络的烟雾语义分割模型（Multi-task Gated Recurrent Network，MGRNet）。该模型包含语义分割和分类两条分支，能同时完成语义分割和分类任务。在语义分割分支中，采用注意力卷积 GRU 去编码融合特征的空间依赖，并利用高阶特征去引导低阶特征的学习。在分类分支中，全局抽象特征被作为缓解类间相似性问题的辅助信息。

（2）将 GRU 引入图像语义分割任务，用于学习目标的上下文依赖信息。为了学习二维信号的空间相关性，将 GRU 改进为卷积 GRU 并引入注意力机制。据了解，这是首次将注意力卷积 GRU 用于图像语义分割任务。

（3）针对塔线图像采集设备拍摄距离不同和山火烟雾尺度多变的特点，提出了MCCL 和 DPPM 模块，以缓解烟雾目标中存在的不显著性和类间相似性问题。

（4）采用多任务联合训练函数对网络进行训练，以保证网络可以快速稳定地收敛，提升算法性能。

（5）基于深度学习的火灾监控技术，可用于云南省地区塔线下的烟雾图像监测方面的工作。实验表明，提出的算法针对前文描述的云南省的烟雾难点，具有很好的适用性，检测效果良好，具有可观的应用价值。

6.3.1　计算机视觉中的循环网络

循环网络最初是用于链式结构序列数据处理，但是图像数据却是超链的，因此早期的做法通常是将由前期 CNN 产生的特征图转换为链式表达再送入循环网络学习上下文依赖。Zuo 等从四个方向对特征图进行扫描，将二维特征图转换为四个一维序列分别送入对应的 RNN。Byeon 等构建了一个包含四个方向 LSTM 块的二维LSTM 层。Visin 等则将四个方向的扫描分成两步完成，构建了一个由四个 GRU 组成的循环层。Shuai 等认为这种直接转换会损失图像单元的空间排列，因此采用无向循环图（UCGs）来表达图像单元之间的连接结构，并通过将其分解为四个有向非循环图（DAGs）来克服其自身无法被展开为非循环处理序列的问题。

针对循环网络只能处理一维序列数据的缺陷，Shi 等提出了卷积 LSTM 的概念，它将传统 LSTM 中的全连接层全部替换成卷积层以完成对空间信息的编码。卷积LSTM 的提出使循环网络在计算机视觉任务上的应用变得更加方便。Lin 等采用双向连接的卷积 LSTM 融合相邻尺度的特征图。Liu 等和 Li 等将卷积 LSTM 用于基于文本的实例分割，前者提出了多模卷积 LSTM 以编码单个单词、视觉信息和文字信息之间的顺序交互，后者则利用卷积 LSTM 去循环改善由 CNN 和 LSTM 获取的粗糙分割区域。Ventura 等在空间和时间两个维度上同时采用卷积 LSTM 以完成视频目标分割。Piao 等则将卷积 LSTM 和空间、通道注意力相结合学习融合特征的内在语义相关性。Yao 等则根据卷积 LSTM 的思想提出了卷积 GRU。除正常输入外，Nilsson 等还将光流信息作为 GRU 的额外输入。Wang 等则在 GRU 内部计算中没有直接使用隐层状态。

6.3.2　多任务学习

Overfeat 是较早能同时完成分类、定位和检测任务的经典算法之一，其最大特点是三个任务共享网络的特征提取部分，因此在分类任务完成之后，定位和检测的微调并不需要很长时间。Overfeat 提出了两种模型，一种速度快，一种精度高。由于 Overfeat 以 AlexNet 为骨干网络，且没有采用多尺度特征融合，因此对特征的表达能力不足，精度不够理想；而速度快的模型由于采用了贪婪的划窗策略，其计算复杂度还是很高。此外，Overfeat 的多任务不是同时完成的，需要通过改变网络最后几层来分别达成。Mask R-CNN 是对 Faster R-CNN 的一个扩展，通过在 Faster R-CNN 中增加了一条分支用于同时完成目标的实例分割。由于 Faster R-CNN 中 RoIPool 采用的量化操作会造成输入 RoI 与输出特征之间无法对齐，因此 Mask R-CNN 提出尽量避免对 RoI 的边界或块（bins）进行量化操作，使用双线性插值去计算每个 RoI 块的输入特征在固定的四个采样位置上的精确值，然后通过平均或最大值方法将这四个值进行合并，该方法能有效提升分割精度，克服类内竞争问题。Cipolla 等的方法和 Overfeat 比较类似，多个任务共享同一个编码网络提取目标特征，不同在于其解码阶段是三个并行的网络，用于同时完成语义、实例分割以及深度预测任务。Xu 等等提出了一个 PAD-Net 用于同时完成场景分析和深度预测任务，该网络共享同一编码阶段，通过四个不同的解码阶段分别预测四个与任务相关的结果，并通过多模蒸馏模块融合四个解码阶段的特征来完成多任务预测。Liu 等将由同一网络获取的共享特征分别送入多个特定任务注意力模块，分别学习特定任务的特性。以上方法普遍具有一个共同的特点，就是共享同一编码阶段，这种方式的优势在于，对于多个具有内在联系的任务，如目标分类和语义分割，通过一个共享的特征表达可以有效提升网络的学习效率和预测精度。因此，在提出的算法中也采用多任务共享编码阶段的方法。

6.3.3　Transformer 模型

Transformer 模型首次提出于机器翻译领域，并在许多自然语言处理任务中取得了先进的成果。Dosovitskiy 等人首次在机器视觉任务中采用了纯 Transformer 模型，其在图像分类中取得优异的成绩，为后续在语义分割领域使用 Transformer 模型作为编解码器提供了直接的启发。DETR 和一些其他变形版本利用 Transformer 模型进行目标检测。STTR 和 LSTR 分别采用 Transformer 模型进行视差估计和车道形状预测。Swin-Transformer 将一种移动窗口应用于 VIT，并在计算机视觉任务上取得优异成绩。SETR 首次利用纯的 VIT 模型代替卷积层作为编码器实现语义分割，并提出了三种不同的解码方式进行讨论，分割结果达到了当时先进水平。然而，有研究发现纯的 Transformer 模型作为编码器会缺乏空间感应偏置，导致网络对于局部的细节信息掌握不够。为了兼顾 Transformer 和 CNN 的优势，研究尝试二者结合方法，如 TransUNet。首先，该方法利用 CNN 提取底层特征，再经过 Transformer 建模全局交互，在解码时利用跳跃连接，在 CT 多器官分割任务中创造了新的纪录。为了进一步发挥 CNN+Transformer 在医学图像中的优势，Zhang 等人提出 TransFuse 模型，将 CNN 编码器和基于 Transformer 的分割网络并行，并提出一种特征融合模块，分别将两个分支不同尺度的特征提取融合，然后进行预测，并且分割结果达到了领先水平。基于已有的研究，本研究同样提出了一种双编码的网络用于烟雾分割，并利用交叉融合注意力模块实现特征融合和增强。

6.3.4　注意力机制

注意力机制同样由 Vaswani 等人首先提出，用于机器翻译领域，后来逐渐扩展应用于计算机视觉任务中，并取得了优异的成绩。注意力机制在计算机视觉任务上发展的过程中，出现了很多经典的网络，例如 Hu 等人提出了一种挤压激励网络（SENet），该网络使用全局池化和激活操作生成可学习系数来对输入特征进行加权。事实上，加权输入特征强调特征的某些组成部分，以产生注意信息。Woo 等人提出了卷积块注意力模型（CBAM），Park 等人提出了瓶颈注意力模块（BAM）。Wang 等人通过设计矩阵乘法提出了一个非局部模型，可以提取各像素点的全局相关信息。然而，两个大矩阵的乘法运算是很耗时的，为了降低计算复杂度，Huang 等人通过将行向量与列向量相乘，设计了一个交叉注意网络（CCNet），两个向量相乘的计算成本远远低于两个矩阵相乘的计算成本，因此该方法实现了巨大的加速。Dong 等人提出了一种用于烟雾语义分割的多尺度通道注意融合模型。该方法采用金字塔池化方法生成多尺度特征图，并在输入端采用全局平均池化方法生成相同系数的映射，对多尺度特征图进行加权，并将多尺度特征图拼接融合。PFANet 提出的空间注意力和通道注意力，分别利用可分离卷积和一个瓶颈操作，在不降低模型精度的同时，大大降低了模型的复杂度。本研究由此得到启发，提出双输入的交叉融合注意力模块，即对 CNN 和 VIT 编码器的输出深层特征进行交叉融合注意，其目的在于利用 CNN 去弥补 Transformer 对于建模局部细节信息的不足。实验证明本研究的方法是有效的。

6.3.5　烟雾分割算法

烟雾的视觉外观有其独特的纹理、颜色和形状特征，并且呈透明性。在传统方法中，大多数都专注于设计手工标注的特征，如运动、纹理和颜色，用于烟雾识别。Zhou 等人通过跟踪局部亮度极值来区分烟雾对象。Favorskaya 等人使用时空局部二进制模式从视频序列中检测烟雾，并验证了他们方法的有效性。Tian 等人提出使用字典学习方法构建前景烟雾字典和背景字典，然后使用这两个字典提取特征进行图像分割。但是，由于这种方法对训练数据的依赖性很大，因此很难创建合适的字典。Yuan 等人使用基于学习的描述子提取整体高阶特征用于识别烟雾，并采用学习方法从 3D 局部差异中实现多尺度、多阶特征。这些方法试图提高照明性能，缩放和旋转不变性。近几年随着深度学习的飞速发展，CNN 网络也广泛应用于烟雾的检测和分割任务，Yin 等人提出了一种用于图像烟雾检测的深度归一化卷积神经网络。Tao 等人利用 AlexNet 实现烟雾检测。深度学习方法更适合于烟雾分割，这实际上是一个对每个像素的密集分类问题。Kaabi 等人使用深度神经网络将每个像素分为是烟和不是烟。Yuan 等人提出了粗、细双路径的烟雾分割方法。粗路径提供上下文信息，但具有低分辨率。精细路径使用浅层来产生高分辨率特征图，这两条路相辅相成。Yuan 等人通过编码器和解码器的反复叠加设计了一种波状神经网络用于烟雾密度估计，这实际上是一种烟雾软分割方法，显然，这比硬分割更具挑战性。Li 等人提出了一种用于视频烟雾检测的 3D 并行全卷积网络。Dong 等人提出基于空间上和通道上的注意力机制来提高烟雾的分割精度。

6.4　视频烟雾识别原理

室内外视频烟火自动识别检测预警系统的主要目的是能够实现无人值守地

不间断工作，自动发现监控区域内的异常烟雾和火灾苗头。根据识别火灾大小、趋势等信息，迅速地进行判断、发出警报以及协助消防人员处理火灾危机，并降低误报和漏报现象，同时还可查看现场实时画面，并根据画面进行实时指挥调度救火。

传统的烟雾颗粒感应或者红外线、激光技术需要烟雾颗粒进入传感器才能引起报警，红外及激光技术也需要烟雾遮挡才能引发警报。这些前提要求场合是相对封闭的空间。而室外场合等因为设备设施分散，空气流动大，传统烟火设备起不到作用，往往采用人员值守看管，造成管理成本上升。

视频图像烟火识别系统结合图像处理和深度学习神经网络技术，实现对监控区域内的烟雾和火焰进行识别并动态识别烟雾和火焰从有到无、从小到大、从小烟团到浓烟状态转换的识别、实时分析报警，并将报警信息及时推送给相关的管理和安全人员以及时应对与处置，不仅节约了管理成本，而且提高了工作效率。

图像识别技术背后的原理并不是很难，只是其要处理的信息比较烦琐。计算机的任何处理技术都不是凭空产生的，它都是学者们从生活实践中得到启发而利用程序将其模拟实现的。计算机的图像识别技术和人类的图像识别在原理上并没有本质的区别，只是机器缺少人类在感觉与视觉差上的影响。机器的图像识别技术通过分类并提取重要特征而排除多余的信息来识别图像。机器所提取出的特征有时会非常明显，有时很普通，这在很大程度上影响了机器识别的速率。总之，计算机的视觉识别中，图像的内容通常是用图像特征进行描述。如图 6.3 所示，图像识别技术通常包括以下几步：信息的数据获取、图像处理、特征提取和选择、分类器设计和分类决策。

（1）信息数据获取是指通过各类传感器转化为电信号，从而获取到所需要的信息，存储在数据库中。

（2）图像处理主要是对图像进行去噪、平滑及变换等处理，凸显图像中重要的信息及特征。

（3）特征提取和选择是图像识别技术的关键内容，指从图像中提取有用的特征，以便后续进行分类识别。

（4）分类器设计和分类决策是指通过训练得到的某种识别规则识别图像，突显出相似的特征种类，使图像识别过程具有更高的辨识率，再通过识别特殊特征，实现评价和确认图像的目标。

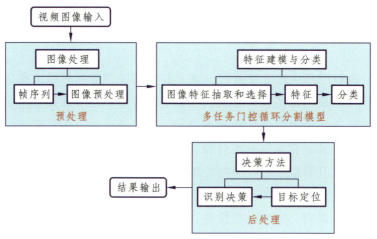

图 6.3　图像识别流程

6.5　基于深度学习的视频监控山火智能识别方法

基于视频的森林火灾烟雾检测系统是利用摄像头对监测区域进行全天候监控，将待检测到的目标进行特征提取并利用优化后多任务门控循环分割模型进行烟雾识别和预警。结合前文的技术内容，我们搭建了一个视频烟雾识别系统，如图 6.4 所示是视频烟雾识别系统整体技术流程。

（1）从监控中获取的视频图像序列往往带有较大的噪声干扰，为了不影响后续算法的性能，需要将视频图像通过图像预处理模块进行滤波等处理。根据烟雾特征提取对细节的要求，该模块采用自适应中值滤波法进行噪声处理，实现去除噪声的同时保留了大部分的烟雾细节信息。

（2）当视频图像经过预处理后，送入到预训练好的多任务门控循环分割网络进行特征提取，这里主要是针对视频图像中的烟雾目标进行特征提取。该模块提取了后续进行识别的特征数据，是后处理（决策）模块的基础。

（3）后处理（决策）模块主要是利用多任务门控循环网络中的图像分类结果来指导辅助烟雾分割模型进行烟雾图像的检测，提高算法的精确度和健壮性。通过优化后的分类器再对输入的样本数据进行判断，完成烟雾和非烟雾的识别。如果识别到烟雾，则将分割出的烟雾掩码叠加到原图像中保存，并发出警报，通知相关人员，反之，继续运行。

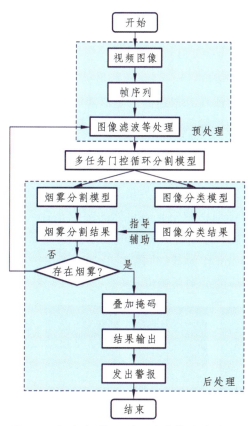

图 6.4　视频烟雾识别系统整体技术流程

6.5.1　Xception 网络

Xception 是 2017 年由 Google 公司提出的用于图像识别的深度学习模型，它将 ImageNet 在 Top-5 和 Top-1 上的准确率提升到了 94.5% 和 79%，同时其整体网络规模却大幅度减少，仅有 88 M，参数数量约为 22.9 M。之所以取得如此成就，最关键的是 Xception 中提出的深度可分离卷积技术，它将通道和空间之间的相关性分开处理，这是与传统卷积最本质的不同，这种处理方式不仅带来了性能的提升，还大幅度减少了网络参数的数量。

深度可分离卷积将普通卷积的计算过程分为两部分完成：

（1）处理空间相关性：对输入信号的每个通道上的特征，分别进行 $k \times k$ 卷积，然后将这些结果进行连接。

（2）处理通道相关性：将第一部分产生的结果，进行 1×1 卷积操作。

对于尺寸较大的卷积核，采用深度可分离卷积可以极大地较少参数数量。以 7×7 卷积为例，假设输入特征维度为 128，输出维度为 256，那么，普通卷积参数数量为 1.6 M。如果采用深度可分离卷积，其参数数量为 0.039 M。

为说明 Xception 对特征具有很强的表达能力，和前面一样，我们可视化了一些图像在 Xception 某些中间层的特征图，如图 6.5 所示。根据特征图分辨率的大小将 Xception 分为五个块，然后分别给出了每个块最后一层的特征图。可以发现，和前两种基础网络一样，Xception 的浅层可以捕获丰富的细节信息，而深层特征可以反映出目标在图像中的大致位置。特别值得指出的是，相比 VGG16 和 ResNet50，Xception 中 block5 的特征对图像中显著目标的定位非常准确，说明其学习到的高阶语义信息的有效性非常高，这也是 Xception 在图像识别任务中能取得高精度的主要原因。因此，采用 Xception 作为基础网络进行烟雾语义分割任务非常有利于获取目标的准确位置，提升算法的分割精确度。

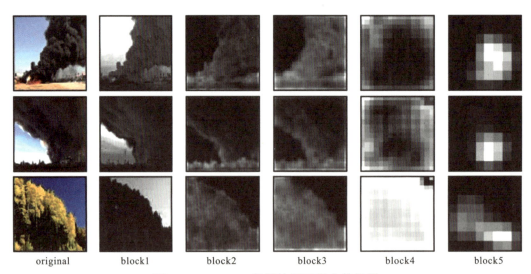

图 6.5　Xception 多层特征可视化效果图

6.5.2　增强与对齐模型

语义分割就是像素级别的图像分类任务。FCN 是语义分割的基本范式，它是一个全卷积结构，开创性以端到端的方式完成逐像素分类。在编码器中，使用一系列卷积层和连续下采样层来提取具有较大感受野的深层特征，然后，解码器将提取的深层特征向上采样到输入一致的分辨率。上采样过程中将编码器的不同尺度的高分辨率特征与跳跃连接融合，以减轻向下采样造成的空间信息损失。之后的研究诞生了两大主要范式：对称编解码结构和非对称编解码结构。对称编解码结构主要聚焦于如何扩大感受野，尽量减轻频繁下采样造成的信息损失；非对称编解码结构围绕在不改变特征图分辨率的情况下获取到尽可能抽象的语义，平衡空间信息和语义信息。

6.5.3　整体网络结构

如图 6.6 所示，使用 ResNet50 进行特征提取，本研究将骨干网络提取特征分为 4 个阶段。由于空洞卷积能够增大感受野，同时很好地保留图像的空间特征，不会损失大量的图像信息，因此采用空洞卷积进行改进，弥补了不进行下采样造成的感受野减少，也保持了较高的图像尺寸。阶段 2、3、4 的输出在经过特征融合和多尺度上下文提取后，大大地提高了深层特征的语义表达力。第 1 阶段的输出为浅层特征，经过边界增强模块（BEM）后，与深层特征一起送入像素对齐模块（PAM），进行不同层级特征图之间的像素对齐，之后完成特征融合。最后，将融合后的结构上采样至原图大小产生分割图。

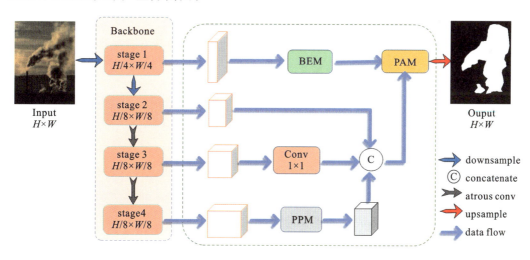

图 6.6　深浅特征烟雾网络

6.5.4　金字塔池化模块

在深度神经网络中，感受野大小可以粗略地表示使用上下文信息的程度。采用上下文信息可以显式地将目标不同尺度下的特征融合起来，有效地解决了分割任务中目标内部的像素不一致问题，强化深层的语义。据此，本研究采用金字塔池化模块（PPM）获取目标上下文信息。该 PPM 模块以输出尺寸为 1、2、3、6 的自适应全局池化，提取全局与局部的信息；然后，使用 1×1 卷积降维后采用双线性插值进行上采样，得到与原始输入相同尺寸的特征图；将输入特征图与具有全局和局部特征的特征图进行通道融合，最后使用卷积（Conv）、批归一化（BN）和激活（ReLU）进行处理，获得具有大量上下文信息的特征图。模块结构如图 6.7 所示。

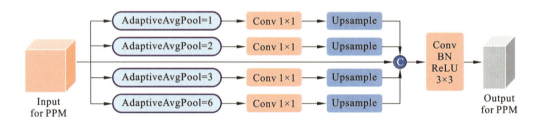

图 6.7　金字塔池化模块（PPM）

6.5.5　边界增强模块

空间上下文的嵌入强调最具信息量的部分，能够让网络有选择性地关注较为重要的特征。注意力机制的提出无疑为空间信息的提取开辟了新的方向。空间注意力机制大多数采用矩阵运算，用于捕捉全局作用域中任意两个像素点的彼此关系。本研究提出边界增强模块，用于获得空间注意力图，提升对象边界定位精度。如图 6.8 所示，用 H、W、C 分别表示图片的高度、宽度和通道数，输入被送入三个分支中进行计算。平均池化对全局的特征进行评估；最大池化能够提取差异性最大的特征；1×1 卷积保留了原始的输入特征。由此，我们得到了三个二维注意力特征图，进行矩阵逐点求和后，由 Sigmoid 激活后生成空间注意力特征图。最后用空间注意力特征图对输入进行进行加权，得到自适应细化边界的特征图。

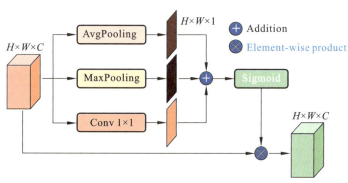

图 6.8　边界增强模块（BEM）

6.5.6　像素对齐模块

在不同层次特征图进行特征融合时，其目标对应的像素位置是不同的。针对这种情况，本研究提出一种像素对齐模块。该模块将计算像素的偏移量进行像素对齐，像素对齐后的特征图能更好地进行融合。

图 6.9 所示为像素对齐模块，通过获取到像素偏移场来完成像素对齐。像素偏移场是指图像中所有像素点构成的一种空间位置偏移场。图像与经过卷积后得到的特征图之间的关系可以用像素运动场来构建，这是由于卷积的平移不变性。

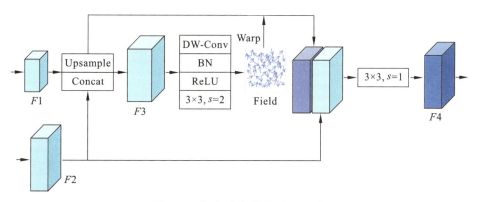

图 6.9　像素对齐模块（PAM）

首先，通过一个双线性差值层将 F_1 上采样到相同尺寸的 F_2，之后进行通道融合；通过一组深度可分离卷积（DW-Conv）来建立不同层次特征图上像素点之间的位置关系，用 DCN 相似的方式，使用一个 3×3 的卷积生成像素运动场 $F_{\text{field}} \in R^{H \times W \times 2}$。$F_{\text{field}}$

含有像素向量的空间变换信息（x-y 矢量场），将 F_{field} 上每一个像素位置 ρ_l 特征映射到输入 F_1 得到 $F_{warp} \in R^{H \times W \times 256}$。具体如公式 $F_{warp}(\rho_l) = \sum_{\rho \in \delta(\rho_l)} \omega_\rho F(\rho_l)$，其中 ω_ρ 表示弯曲空间网格上双线性核的权重，是通过 F_{field} 计算得到，$\delta(\rho_l)$ 表示 ρ_l 相邻的位置。

由 F_1 产生的 F_{warp} 与 F_2 之间的像素关系就得到统一，将其通道连接并用一个 3×3 的卷积（不带 BN 和 ReLU）进行特征融合与维度控制生成最终输出 F_4。

6.6　双编码与交叉注意力的模型

图 6.10 展示了本研究提出的 VIT 和 CNN 模型双编码交叉注意烟雾分割网络 DECNet 的主体框架，主要分为五个部分，包括用于基础特征提取的纯 VIT 和 ResNet50 网络、交叉融合空间注意力模块、交叉融合通道注意力模块以及最后的解码部分。

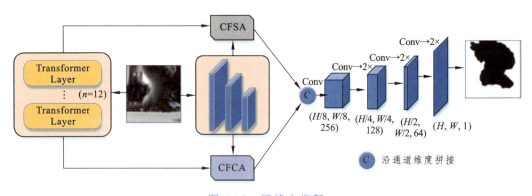

图 6.10　网络主框架

6.6.1　整体网络结构

对于语义分割任务，传统的 CNN 网络通过堆叠卷积层和池化层，提取不同尺度的语义信息。但是，受限于卷积核感受野的局限，卷积神经网络建模长距离依赖关系是十分困难的。然而，对于语义分割而言，捕获长距离依赖关系是十分重要的。VIT 模型则可以取代堆叠卷积层，通过将图片分解成固定的序列，然后在每一层建模上下文关系，因此 VIT 模型具有强大的捕获长距离依赖关系的能力。但是，VIT 并不是无懈可击的，其在局部细节特征表达上是远逊色于卷积神经网络的。本研究的思想旨在将两者的优势结合，达到取长补短的目的。本研究网络输入一张大小为 224×224 的烟雾 RGB 图像，经过预训练的 VIT 模型和 ResNet50 进行基础特征提取。为了使深层特征的维度匹配，本研究将从 VIT 骨干网络得到的深层特征图上采样到 28×28，并调整通道数为 256，具体的 VIT 结构如图 6.11 所示。另外，本研究改变 ResNet50 最后两阶段的空洞率为 2 和 4，使得输出特征图尺寸为原图的 1/8，即 28×28，并通过卷积调整通道数为 256。为了将 VIT 模型的长距离依赖关系特征与 ResNet50 的局部细节特征进行融合，本研究将得到的两种深层特征并行输入交叉融合空间注意力模块和交叉融合通道注意力模块，分别在空间维度和通道维度对两个特征图进行融合，接下来将融合后的特征图通过拼接操作进行合并。在解码阶段，本研究采用堆叠一系列的卷积、双线性插值上采样、BN 层、激活层的方式，使特征图变为原输入图像的大小，并输出最终的分割结果。

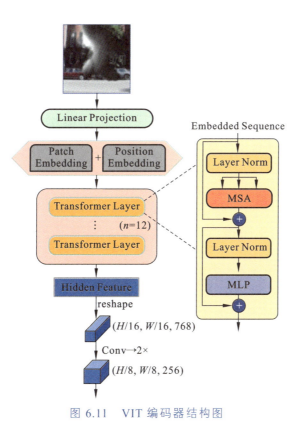

图 6.11　VIT 编码器结构图

6.6.2 交叉融合空间注意力模块

对于语义分割任务而言，建模像素点之间的关系是非常重要的，VIT 模型具有强大的长距离依赖关系的学习能力，但是卷积神经网络对于局部特征的表达更具优势。为了充分利用两者的特点，本研究提出一个双输入的空间注意力模块（Crossly Fused Spatial Attention，CFSA），如图 6.12 所示。

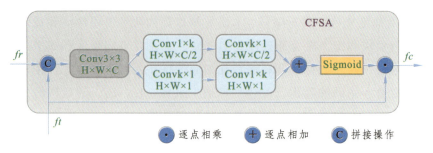

图 6.12　交叉融合空间注意力模块（CFSA）

首先采用拼接的方式，然后经过一个卷积层，将输入的两个特征图 ft、fr 进行融合得到特征 f。本研究借助可分离卷积的思想，利用两个卷积层，一个卷积核为 $1 \times k$，另外一个卷积核为 $k \times 1$，使得在扩大感受野的同时不增加模型的参数量。然后，将经过两层卷积的融合特征逐点相加，再通过 sigmoid 函数对空间维度的编码特征图进行归一化处理。由此就可以得到融合了长距离依赖关系和局部细节信息的置信度系数 s。最后，将 VIT 得到的深层特征 ft 与该空间注意力系数 s 进行逐点相乘，得到最终的交叉融合空间注意力模块的输出 fs。

6.6.3 交叉融合通道注意力模块

对于图像的深层特征图，不同通道映射了不同类别物体的特征。所以，通道之间的映射关系对于语义分割而言也是十分重要的。为了进一步提高烟雾分割精度，本研究提出一种双输入的交叉融合通道注意力模块（Crossly Fused Channel Attention，CFCA），如图 6.13 所示。这样做的目的在于将 CNN 网络的通道映射关系与 VIT 特征进行融合，强化不同通道之间的相关性。

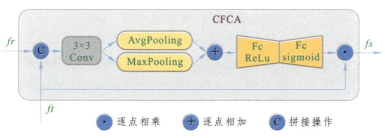

图 6.13　交叉融合通道注意力模块（CFCA）

同样采用在通道维度拼接操作，将双编码的特征图 ft 和 fr 进行融合，得到特征 f。然后，将 f 分别经过全局最大池化和全局平均池化并相加，得到一个通道维度的特征向量 $1 \times c$，c 为通道数。接下来应用一个瓶颈结构，目的是降低模型的计算复杂度，并提高模型泛化。具体做法为使用两个全连接层 fc_1 和 fc_2，但是 fc_1 的输出维度与 fc_2 的输入维度设置为原来的 1/4，这可以让瓶颈结构的中间神经元数量被设置为输入神经元数量的 1/4，并在其中使用 ReLu 激活函数增强模型非线性表达以防止过拟合。然后，通过 sigmoid 运算，对映射编码通道特征向量进行归一化处理，得到融合后通道维度的映射系数 c。最后，将 VIT 得到的深层特征 ft 与该通道注意力系数 c 进行逐点相乘，得到最终的交叉融合通道注意力模块的输出 fc。

6.6.4　解码部分

解码的目标是将编码后的深层特征恢复到原始输入图像相同大小，并得到分割结果。本研究在解码部分考虑了一种逐步上采样的策略。具体做法是，首先将交叉融合空间注意力和交叉融合通道注意力模块得到的特征图在通道维度拼接，然后通过循环三次卷积层、批归一化（BN）层、激活（ReLu）层、上采样的操作，使特征图恢复原来的大小。其中，上采样的倍率为 2。最后，通过 sigmoid 操作，输出最终的分割结果。这种解码策略相对于直接一步上采样到原始图像大小的方式，会减少噪声的引入，并且能最大限度地缓解对抗效应。

6.7　多任务门控循环网络模型

6.7.1　模型整体框架

为增强网络对可区分性特征的表达能力，基于 DCNN 的语义分割方法通常从多个角度解决这个问题，一种方式是采用前面中提到的，通过自底向上的方式融合来自多个阶段的特征；另一种方式是利用不同的空洞卷积或池化操作聚合多尺度上下文信息。为充分利用两者的优势，在本方法中会将两种方式合并使用。MGRNet 的详细结构如 6.14 所示，包含语义分割分支（Segmentation branch）和分类分支（Classification branch）。整体框架以 Xception 为基础网络，根据特征图的不同大小，我们将 Xception 分为 5 个阶段，前 4 个阶段用于获取分割分支编码阶段的多尺度特征，其输出特征图大小分别为 128×128、64×64、32×32 和 16×16。第 5 阶段特征图作为分类分支的输入，经过全局池化之后提取用于分类的全局语义特征。

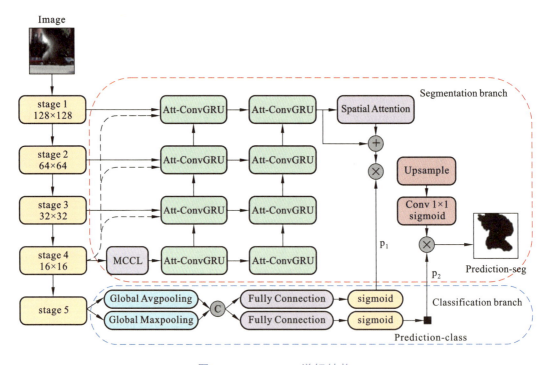

图 6.14　MGRNet 详细结构

分割分支编码阶段的多尺度特征会通过自底向上的方式进行融合。自底向上模式是典型的编-解码结构，其编码阶段会将目标的语义信息嵌入特征图中，而解码阶段则用于解读语义信息，产生分割结果。通常编码阶段都是采用预训练的模型，因此如何在解码阶段有效利用语义信息是模型设计的关键。高阶特征和低阶特征可以起到相互补充的作用，低阶特征具有高分辨率但缺乏语义信息，而高阶信息则完全相反，包含丰富的语义信息但却严重缺乏空间细节信息。通常情况下，低阶特征只编码一些低阶信息，如点、线、边缘等，这些信息中往往包含过多的噪声，导致其无法提供丰富的高分辨率语义引导。因此在 MGRNet 中仅在解码阶段后期进行高、低阶特征融合的方式对获取高分辨率可区分性特征的帮助是不大的，故而除 stage4 外，我们提出在其他阶段（stage1～stage3）解码部分的输入特征中加入来自 stage4 的高阶特征，如图 6.14 中红色虚线框所示，使低阶特征经过解码之后也能提供充足的高分辨率语义信息。

为增强解码阶段对特征的表达能力，MGRNet 在特征融合过程中引入注意力卷积 GRU（Att-ConvGRU）。虽然堆叠更多的 Att-ConvGRU 可以构造更深的网络，且其在循环过程中会共享权重，但 Att-ConvGRU 的内部结构相对较复杂，循环次数过多会严重影响效率。因此，为在提升方法性能的同时保证一定的效率，MGRNet 会采用一个两层堆叠的 Att-ConvGRU 结构。我们首先会采用一个 2D 1×1 卷积将前 4 阶段第一层 Att-ConvGRU 的输入特征图映射为 128 通道，每个 Att-ConvGRU 层的输出会作为下一个 Att-ConvGRU 层的输入。此外，相邻阶段同一层 Att-ConvGRU 之间也会采用类似的操作，将上一阶段 Att-ConvGRU 的输出作为下一阶段 Att-ConvGRU 的输入。其中比较特别的是，我们在 stage4 引入了一个包含 DPPM 的 MCCL 模块，将 MCCL 的输出作为 Att-ConvGRU 的输入，用于处理目标不显著和类间相似性问题。

此外，我们在两层 Att-ConvGRU 结构后端增加了一个空间注意力模块（Spatial Attention）以增强每个像素点对最后分割结果的贡献，详细结构如图 6.15 所示。空间注意力模块会沿着通道轴对输入特征分别执行平均和最大池化操作，两者的和会作为空间注意力图谱与输入特征图进行像素级乘积，获取空间加权特征。

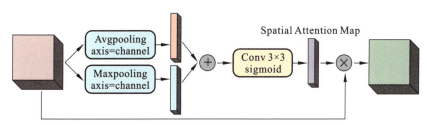

图 6.15　空间注意力模块（Spatial Attention）

本框架的另一个亮点在于在整体模型中引入了分类分支，该分支主要有三个目的：① 利用全局语义信息引导分割特征的学习，如图 6.14 中 p_1 支路；② 利用分类结果进一步解决混淆类问题，如图 6.14 中 p_2 支路；③ 完成分类任务。分类分支详细结构如图 6.14 中蓝色虚线框所示。对于分类任务，输入信号的全局信息是最重要的，很多方法采用全局平均池化去获取全局上下文先验，这里因为它能很好地概括特征的空间信息。我们认为除了整体概括性信息，特征中最重要的那个信息也是不应该被忽略的。因此，我们提取 Xception 网络最后一个可分离卷积的输出特征，对其同时采用全局平均池化和全局最大池化，将两者的连接结果作为图像的全局上下文先验。通过加入分类分支，MGRNet 极大程度地降低由于混淆类问题导致的误分割，同时使该方法可以同时完成语义分割和分类任务。

6.7.2　注意力卷积 GRU

为使 GRU 可以学习二维特征的空间相关性，我们提出了注意力卷积 GRU（Att-ConvGRU）。根据卷积 LSTM 的思想，我们首先将 GRU 中所有全连接层替换为卷积层，此时 GRU 模块的输入信号和隐层状态就不再是向量，而是大小为 H × W × C 的张量，其中 H、W 和 C 分别表示二维信号的高度、宽度和通道数。为了进一步减少卷积 GRU 中参数数量，我们会将输入信号和隐层状态进行连接，共享同一个卷积层。在推断当前模块的结果时，我们还引入了一个注意力（Attention）模块，利用以前的状态去引导当前的决策。Att-ConvGRU 和 Attention 模块内部详细结构分别如图 6.16、6.17 所示。

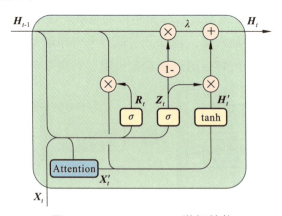

图 6.16　Att-ConvGRU 详细结构

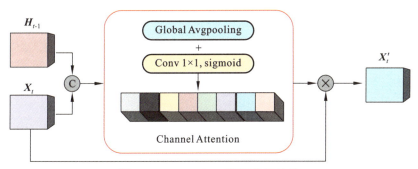

图 6.17 Attention 模块详细结构

引入注意力机制是受到了人类感知过程的启发，在 MGRNet 中除 stage4，其他阶段 GRU 的输入都为多阶段融合特征，通过在 GRU 中引入注意力可以挖掘融合特征的内在语义关系，学习不同语义之间的空间依赖，使用高阶信息去有效地引导自底向上的前馈过程。根据高阶 GRU 隐层状态的引导，融合特征中重要的确定信息会被增强，而不重要的不确定信息则会被抑制。

Att-ConvGRU 的具体计算过程可描述为

$$\boldsymbol{Z}_t = \sigma(\boldsymbol{W}_z * [\boldsymbol{H}_{t-1}, \boldsymbol{X}_t] + \boldsymbol{b}_z) \tag{6.1}$$

$$\boldsymbol{R}_t = \sigma(\boldsymbol{W}_r * [\boldsymbol{H}_{t-1}, \boldsymbol{X}_t] + \boldsymbol{b}_r) \tag{6.2}$$

$$\boldsymbol{A}_t = \sigma(\boldsymbol{W}_a * GlobalAvgPool([\boldsymbol{H}_{t-1}, \boldsymbol{X}_t])) \tag{6.3}$$

$$\boldsymbol{X}'_t = \boldsymbol{A}_t \odot \boldsymbol{X}_t \tag{6.4}$$

$$\boldsymbol{H}'_t = tanh(\boldsymbol{W}_h * [\boldsymbol{R}_t \odot \boldsymbol{H}_{t-1}, \boldsymbol{X}'_t] + \boldsymbol{b}_h) \tag{6.5}$$

$$\boldsymbol{H}_t = \lambda(1 - \boldsymbol{Z}_t) \odot \boldsymbol{H}_{t-1} + \boldsymbol{Z}_t \odot \boldsymbol{H}'_t \tag{6.6}$$

其中，σ 为 sigmoid 非线性激活；[]为连接操作；*为卷积操作；$\odot$ 为 Hadamard 乘积；λ 为一个初始值为 1 的可学习参数；$\boldsymbol{Z}_t$ 为更新门；$\boldsymbol{R}_t$ 为重置门；$\boldsymbol{X}_t$ 为当前 GRU 输入；$\boldsymbol{H}_{t-1}$ 为上一 GRU 的隐层状态和输出；$\boldsymbol{H}_t$ 为当前 GRU 的隐层状态和输出。

Att-ConvGRU 通过学习融合特征的内在语义关系，可以以由粗到细的方式迭代地产生更多高质量的特征图，增强模型的健壮性。

根据式（6.1）~（6.6）可以推导出 Att-ConvGRU 中所有参数基于损失函数的偏导数，因此可以很容易得出其反向传播算法。所有参数偏导数的计算过程如式（6.7）~（6.22）所示。

为方便后续公式表达，首先定义一个 δ_{H_t}，是 Att-ConvGRU 模块输出 H_t 基于损失函数 L 的偏导数。

$$\delta_{H_t} = \frac{\partial L}{\partial H_t} \tag{6.7}$$

根据式（6.6）可推导出 H_t' 和 Z_t 基于 L 的偏导数：

$$\frac{\partial L}{\partial H_t'} = \delta_{H_t} \odot Z_t \tag{6.8}$$

$$\frac{\partial L}{\partial Z_t} = \delta_{H_t} \odot (1 - \lambda) \odot H_{t-1} \tag{6.9}$$

根据式（6.5）可推导出 R_t 和 X_t' 基于 L 的偏导数：

$$\frac{\partial L}{\partial R_t} = (\delta_{H_t} \odot Z_t \odot (1 - (H_t')^2) \odot H_{t-1}) * W_h \tag{6.10}$$

$$\frac{\partial L}{\partial X_t'} = (\delta_{H_t} \odot Z_t \odot ((1 - (H_t')^2))) * W_h \tag{6.11}$$

根据式（6.4）可推导出 A_t 基于 L 的偏导数：

$$\frac{\partial L}{\partial A_t} = (\delta_{H_t} \odot Z_t \odot X_t \odot ((1 - (H_t')^2))) * W_h \tag{6.12}$$

由于 H_{t-1} 与 H_t、H_t'、A_t、Z_t 和 R_t 都有关，因此 H_{t-1} 基于 L 的偏导数为

$$\frac{\partial L}{\partial H_{t-1}} = \frac{\partial L}{\partial H_t} \cdot \frac{\partial H_t}{\partial H_{t-1}} + \frac{\partial L}{\partial H_t'} \cdot \frac{\partial H_t'}{\partial H_{t-1}} +$$
$$\frac{\partial L}{\partial A_t} \cdot \frac{\partial A_t}{\partial H_{t-1}} + \frac{\partial L}{\partial Z_t} \cdot \frac{\partial Z_t}{\partial H_{t-1}} + \frac{\partial L}{\partial R_t} \cdot \frac{\partial R_t}{\partial H_{t-1}} \tag{6.13}$$

X_t 与 X_t'、A_t、Z_t 和 R_t 有关，因此 X_t 基于 L 的偏导数为

$$\frac{\partial L}{\partial X_t} = \frac{\partial L}{\partial X_t'} \frac{\partial X_t'}{\partial X_t} + \frac{\partial L}{\partial A_t} \frac{\partial A_t}{\partial X_t} + \frac{\partial L}{\partial Z_t} \frac{\partial Z_t}{\partial X_t} + \frac{\partial L}{\partial R_t} \frac{\partial R_t}{\partial X_t} \tag{6.14}$$

基于以上推导，可以得出 GRU 模块中所有可学习参数基于 L 的偏导数，如式（6.15）~（6.22）所示。

$$\frac{\partial L}{\partial \lambda} = \delta_{H_t} \odot (1 - Z_t) \odot H_{t-1} \qquad (6.15)$$

$$\frac{\partial L}{\partial W_h} = \left(\frac{\partial L}{\partial H'_t} \odot (1 - (H'_t)^2) \right) * [R_t \odot H_{t-1}, X'_t] \qquad (6.16)$$

$$\frac{\partial L}{\partial b_h} = \left(\frac{\partial L}{\partial H'_t} \odot (1 - (H'_t)^2) \right) \qquad (6.17)$$

$$\frac{\partial L}{\partial W_a} = \frac{\partial L}{\partial A_t} \odot \sigma'(A_t) * globalAvgPool([H_{t-1}, X_t]) \qquad (6.18)$$

$$\frac{\partial L}{\partial W_r} = \frac{\partial L}{\partial R_t} \odot \sigma'(R_t) * [H_{t-1}, X_t] \qquad (6.19)$$

$$\frac{\partial L}{\partial b_r} = \frac{\partial L}{\partial R_t} \odot \sigma'(R_t) \qquad (6.20)$$

$$\frac{\partial L}{\partial W_z} = \frac{\partial L}{\partial Z_t} \odot \sigma'(Z_t) * [H_{t-1}, X_t] \qquad (6.21)$$

$$\frac{\partial L}{\partial b_z} = \frac{\partial L}{\partial Z_t} \odot \sigma'(Z_t) \qquad (6.22)$$

6.7.3　多尺度上下文对比局部模块

DCNN 由于具有对特征的多种不变性，使得其高阶特征中包含了对整幅图像非常抽象的特征表达。这些特征主要表达的是图像中占显著位置目标的抽象信息，此时不显著目标将会被显著目标支配，其信息或多或少会被削弱或忽视，因此大多数基于 DCNN 的语义分割算法都能对图像中占主导地位的目标取得良好的分割效果。但是，图像中往往存在许多不显眼的物体，对它们来说更重要的则是局部和上下文信息。针对这一问题，提出了上下文对比局部（Context Contrast Local，CCL）模块，该模块可以将分离的上下文与局部信息进行对比。实验结果表明，该方法能较好地处理图像背景中不明显的目标。其实不显著目标问题在烟雾图像中更加突出，这主要是因为烟雾监测的应用区域往往是室外，摄像头与起火点的距离通常很远，此时火灾产生的烟雾一般都是较小的目标，这种情况下如果不能及时发现火灾，将会有非常严重的后果。因此，我们借鉴 CCL 的思想，并根据任务需求对其进行改进，提出了 MCCL 模块，其详细结构如图 6.18 所示。与 CCL 相比，MCCL 的不同主要在于，① 每个 CCL 固定包含两个采样率为 1 和 5 的空洞卷积，我们认为仅采用采样率为 5 的空洞卷积获取上下文特征在尺度上太过单调，对具有不同尺度的不显著目标性能会下降。因此，我们将空洞卷积的采样率扩展到 2、4 和 6。② CCL 方法是将多个 CCL 模块串联使用，我们仅在模型中使用一个 MCCL，且采用多采样率并行卷积方式融合局部和上下文特征之间的对比，因此 MCCL 具有更少的网络参数。③ 我们还在 MCCL 中嵌入了一个全新的密集金字塔池模块（DPPM），以缓解目标类间相似性问题。综上所述，MCCL 可以保证在较少参数的情况下，获得更丰富的多阶、多尺度上下文对比局部特征。

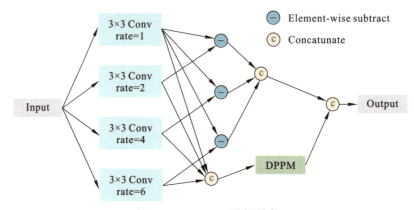

图 6.18　MCCL 详细结构

因此，MCCL 的数学表达过程可描述为

$$F_1 = AtrousConv_{rate=1}(\text{Input}) \tag{6.23}$$

$$F_2 = AtrousConv_{rate=2}(\text{Input}) \tag{6.24}$$

$$F_3 = AtrousConv_{rate=4}(\text{Input}) \tag{6.25}$$

$$F_4 = AtrousConv_{rate=6}(\text{Input}) \tag{6.26}$$

$$CL_1 = F_1 - F_2 \tag{6.27}$$

$$CL_2 = F_1 - F_3 \tag{6.28}$$

$$CL_3 = F_1 - F_4 \tag{6.29}$$

$$CL = concat(CL_1, CL_2, CL_3) \tag{6.30}$$

$$F = DPPM(concat(F_1, F_2, F_3, F_4)) \tag{6.31}$$

$$Output = concat(CL, F) \quad\quad\quad (6.32)$$

其中，$AtrousConv(\cdot)$ 表示空洞卷积，其角标代表所采用的采样率，$concat(\cdot)$ 表示按通道方向进行的连接操作。

在图像语义分割任务中，除了之前提到的不显著目标问题，另一个普遍存在的问题是：类间相似性，即外观相似的对象可能被划分为同一类，这一问题产生的根本原因在于缺乏全局上下文先验，而全局平均池化是获取该先验的良好手段。因此，Zhao 等提出了金字塔池模块（Pyramid Pooling Module，PPM），该模块可以通过具有不同内核的平均池化操作融合四种不同尺度的特征。同样的情况在烟雾图像中也很突出，例如，云、雾和烟雾具有非常相似的模式，在许多情况下都会被误认为是烟雾。因此，我们引入 PPM 的思想，进行一定的改进提出了 DPPM，具体框架如图 6.19 所示。我们参考了 DenseASPP 的思想，将 DenseNet 中的特征密集连接方式引入 PPM，将其扩展为密集样式，同时取消了将输入特征连接到输出特征的操作。DPPM 包含多个并行的具有不同池化窗口的平均池化操作，分别用于获取全局上下文先验以及不同子区域上下文信息，其中具有小尺寸特征的层放在上层。为进一步增强模块聚合不同子区域上下文信息的能力，DPPM 会将上部区域的特征上采样到不同大小，分别送入所有其他较低层进行特征密集连接，然后所有层的输出特征被映射融合为全局先验。

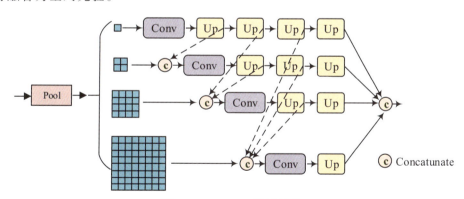

图 6.19　DPPM 详细结构

整个网络会采用多任务联合训练函数进行端对端的训练，其具体表达式为

$$WL = SL + \alpha CL \quad\quad\quad (6.33)$$

式中　α 是一个平衡参数，为了让网络整体偏向语义分割任务，我们设置 $\alpha \in [0,1]$，

α具体取值对方法整体性能的影响将会在剥离实验中给出。

其中，SL 和 CL 分别表示语义分割损失和分类损失，采用的都是带有权重衰减的二值交叉熵函数，具体形式为

$$SL(\boldsymbol{P}_i, \boldsymbol{G}_i) = \lambda \|\boldsymbol{W}\|_2^2 -$$

$$\frac{1}{N \times h_i \times w_i} \sum_{i=1,k=1}^{N, h_i \times w_i} g_i^k \log p_i^k + (1-g_i^k) \log(1-p_i^k)) \qquad (6.34)$$

$$CL(\boldsymbol{P}_i, \boldsymbol{G}_i) = \lambda \|\boldsymbol{W}\|_2^2 -$$

$$\frac{1}{N} \sum_{i=1}^{N} (g_i \log p_i + (1-g_i) \log(1-p_i)) \qquad (6.35)$$

其中，N 表示图像的数量；h_i 和 w_i 表示第 i 幅图像的高度和宽度；p_i^k 和 g_i^k 分别表示第 i 幅预测分割结果和其对应的 GT 在第 k 个像素上的值；p_i 和 g_i 分别表示第 i 幅图像的预测分类结果和对应的真实分类标签；

根据前面的结论，多目标联合训练函数可以帮助网络更加快速稳定地收敛，MGRNet 采用的多任务联合训练函数也具有这种特性，且其主要影响在于对基础网络参数的更新。

6.8　火灾算法实验与分析

6.8.1　数据集和实验环境

MGRNet 为多任务学习框架，训练数据对应的 GT 除了语义分割全图标签，还需要对应的分类标签，用于监督分类分支的识别预测结果。MGRNet 使用 Xception 在 ImageNet 上的预训练权重对基础网络进行参数初始化，其余参数采用截段正态分布进行随机初始化。我们采用小批量梯度下降法对网络进行优化，使用固定的学习率 0.01，动量 0.9，权重衰减 1e − 5，batch size 设置为 8，训练迭代次数为 100，根据经验和剥离实验结果对比，我们将联合训练函数中的平衡参数 α 设置为 0.25。MGRNet 的实验平台同样为 Keras 和 Tensorflow，其他所有对比实验和剥离实验都在一个包含 NVIDIA 1080Ti GPU、4.2 GHz i7CPU、16G RAM 以及 Windows 64 位操作系统的工作站上运行。

6.8.2　实验结果分析

为验证模型中每个成分的重要性，我们进行了一系列剥离实验，分别通过移除各个成分或者利用其他模块替代各个成分等方式产生了 9 种变体，其详细结构如表 6.1 所示。所有变体和 MGRNet 都在三个合成测试集上进行测试，结果对比如表 6.2 所示。

表 6.1　多种变体的详细结构说明

方法	结构说明
变体 1	用卷积 GRU 替代注意力卷积 GRU
变体 2	用 PSPNet 中的 PPM 替代 DPPM
变体 3	用 CCL 替代 MCCL
变体 4	从框架中移除注意力卷积 GRU
变体 5	从框架中移除分类分支
变体 6	从框架中移除 MCCL
变体 7	从框架中移除 DPPM
变体 8	从框架中移除空间注意力模块
变体 9	从分类分支中移除 p_1 分支

表 6.2　多种变体的实验对比结果

方法	DS01		DS02		DS03	
	MIoU	MMse	MIoU	MMse	MIoU	mMse
变体 1	81.69	0.219 9	80.98	0.233 5	81.50	0.226 1
变体 2	82.29	0.216 0	81.38	0.230 2	81.67	0.225 2
变体 3	81.02	0.226 5	80.14	0.241 5	80.63	0.234 0
变体 4	79.87	0.235 1	79.10	0.248 9	79.65	0.241 6
变体 5	76.80	0.249 9	76.08	0.260 4	76.54	0.256 4
变体 6	80.95	0.227 1	79.78	0.243 8	80.61	0.233 6
变体 7	81.33	0.223 5	80.45	0.238 5	81.18	0.229 1
变体 8	81.42	0.224 5	80.49	0.239 1	81.16	0.230 4
变体 9	80.63	0.229 7	79.83	0.243 0	80.34	0.236 8
MGRNet	82.61	0.213 8	81.67	0.228 0	82.18	0.221 2

通过对实验结果的观察我们发现：① 移除算法中的分类分支对算法影响最大，整体预测精度下降约 6%，主要原因在于缺少对分类分支的监督后，算法由多任务联合训练变成单目标训练，造成网络收敛和参数更新速度变慢，这一点在前面中已经得到了验证；② 移除注意力卷积 GRU 对算法影响较大，整体性能下降约 3%，说明注意力卷积 GRU 在学习有效特征方面具有明显优势；③ 在卷积 GRU 中增加通道注意力对输入特征进行矫正，能学习特征的内在本质，有效提升特征质量；④ 三个测试数据集中存在不显著性和类间相似性问题的样本总体占比不高，而且很多问题都只是出现在烟雾目标的局部，因此 DPPM 和 MCCL 对算法在测试集上的影响相对较小；⑤ 相比卷积 GRU 中的通道注意力，来自 p_1 分支的更高阶信息对特征的矫正作用更大，能更加有效地引导可区分性特征的学习。

此外，为说明不同 α 取值对算法的影响，我们分别对比了 α 在不同取值下三个测试集的实验结果，如表 6.3 所示。结果显示，MGRNet 中选取的 α 取得了最好的结果，且 α 的取值对算法精度影响不小；当 $\alpha=0$ 时算法效果最差，这是由于此时采用的是单目标损失函数，对算法整体影响较大；当 $\alpha=1$ 时，算法精度大约下降了 2.5%，说明在进行多任务时，需要对不同任务的重要性加以区分，在本算法中需要网络更加关注分割结果，因此，应该给分割损失分配相对较大的权重。

表 6.3　不同 α 值的实验结果对比

α 取值	DS01		DS02		DS03	
	MIoU	MMse	MIoU	MMse	MIoU	mMse
0	77.10	0.246 7	76.35	0.256 5	76.93	0.252 2
0.2	82.31	0.215 1	81.18	0.231 8	81.88	0.223 5
0.25(MGRNet)	82.61	0.213 8	81.67	0.228 0	82.18	0.221 2
0.5	81.30	0.223 9	80.49	0.238 5	80.95	0.231 4
1	80.04	0.235 0	79.00	0.251 3	79.86	0.241 1

6.8.3　与其他方法的对比实验

1. 烟雾图像实验结果对比

我们在本对比方法中新增了 PSPNet 算法，这是因为 PSPNet 也是一个能很好地处理目标类间相似性问题的算法。多种对比方法在三个测试库上的结果对比如表 6.4 所示。结果显示相比其他方法，MGRNet 的结果具有很大的优势，比其中最优的 PSPNet 的 MIoU 普遍高出 3~4 个百分点。我们认为产生这个结果的主要原因在于：① PSPNet 产生的最终结果需要进行 8 倍上采样，对于烟雾目标是非常不利的，这点在前面中已经得到了验证；② PSPNet 虽然在 CNN 网络中通过增加多个模块加大了网络深度，但是这些操作都是在单个尺度且分辨率较低的特征上进行的，所以分割结果中的低阶、高分辨率细节信息没有得到有效保障；而 MGRNet 通过 Att-ConvGRU 有效融合多个不同阶段的多尺度特征，同时在最终融合特征上增加了空间注意力和最高阶语义引导的通道注意力，极大地增强了网络对有效特征的表达能力；③ MGRNet 中提出的 MCCL 能很好地缓解对不显著目标出现的漏判现象，DPPM 和分类分支的联合作用极大程度地降低了网络将非烟雾类似目标判别为烟雾目标的可能性。

表 6.4　多种方法在三个测试集上的对比实验结果

方法	DS01		DS02		DS03	
	MIoU	MMse	MIoU	MMse	MIoU	mMse
SMD	62.88	0.320 9	61.50	0.337 9	62.09	0.325 5
TBFCN	66.67	0.302 1	685	0.319 6	66.20	0.307 0
LRN	66.43	0.306 9	67.71	0.307 8	67.46	0.304 1
Deeplab v1	68.41	0.298 1	68.97	0.303 0	68.71	0.301 0
HG-Net2	64.27	0.318 6	63.06	0.338 0	64.18	0.327 3
HG-Net8	62.10	0.318 7	61.89	0.330 1	62.45	0.321 5
LKM	782	0.265 8	74.93	0.279 9	739	0.274 8
RefineNet	77.16	0.248 6	76.75	0.259 0	77.52	0.251 5
PSPNet	78.71	0.236 6	78.01	0.248 0	78.39	0.243 0
MGRNet	82.61	0.213 8	81.67	0.228 0	82.18	0.221 2

图 6.20 中给出了所有对比方法在合成测试图上的一些可视化分割效果图,第一行为测试图像,第二行为其对应 GT,其余行分别为对比方法的分割结果。为详细验证 MGRNet 在不显著和类间相似性问题上的优势,我们特别在前面可视化样本的基础上,增加了一些更加具有挑战性的样本,这些样本都存在非常明显的不显著目标和混淆类问题。通过结果可以发现,MGRNet 在所有样本上的分割效果都要明显优于其他对比方法。当烟雾目标在图像处于较明显位置且与背景差别较大时,如第 1~6 列样本,虽然有些方法也出现了明显的误判和边缘不精确的问题,但是大部分方法对目标位置的定位都相对准确;当烟雾目标出现较明显的不显著性和混淆类问题时,如第 7~12 列样本,除了 PSPNet 和 MGRNet,其他对比方法都出现了比较严重的误分割现象;尤其是对于其中某些连人眼都很难分辨的烟雾,如第 10 列烟雾的下半部分,第 11 列烟雾的上半部分以及第 12 列烟雾的下半部分,MGRNet 都表现出了令人满意的效果,而其他很多方法甚至连烟雾目标的大致区域都没有分割出来。

此外,相比 PSPNet,MGRNet 在目标定位和边缘细节上的效果也更加优秀。尤其是在不显著目标上,PSPNet 的性能明显减弱,如最后两个测试样本,PSPNet 的预测结果与原始 GT 还是存在较大差距,同时由于其最后上采样的倍数较多,导致其分割结果的边缘出现了较明显的块效应,这对烟雾目标也是非常不利的。

图 6.21 中给出的是所有对比方法在真实烟雾图上的可视化效果图,其分割结果与合成图的结果基本一致,MGRNet 取得了与测试图最为接近的烟雾分割效果。对于一些不显著的以及类似云和雾的烟雾目标,如第 4~7 列样本,MGRNet 表现出了非常大的优势。尤其是最后一列的测试图,是非常典型的不显著性与类间相似性并存的样本,很多方法要么就几乎完全没有检测出其中的烟雾目标,出现极其严重的漏判,如 SMD、TBFCN 和 PSPNet 等,要么就将类似烟雾的云和雾全部判定为烟雾,如 HG-Net2 和 HG-Net8。

图 6.20 和图 6.21 中的可视化结果充分证明 MGRNet 在目标不显著性和混淆类问题上的优势。虽然 MGRNet 在这个样本上的预测结果并不完全准确,但非常明显的是,MGRNet 能在有效区分外形相似目标的同时,将不显著的烟雾目标分割出来。此外,此结果再次说明本研究中提出的合成训练数据库具有很好的泛化能力和适应性,可用于真实场景的语义分割任务。

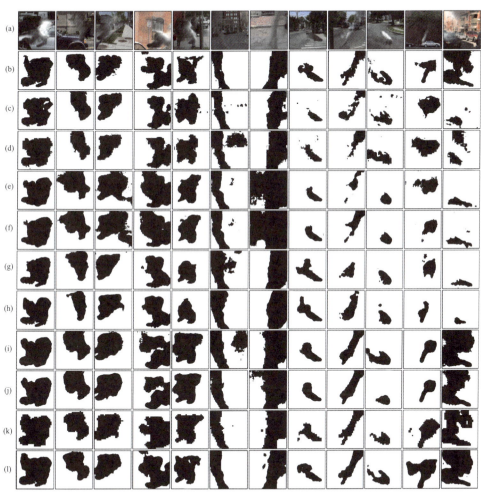

（a）测试图；（b）GT；（c）SMD；（d）TBFCN；（e）LRN；（f）Deeplab v1；（g）HG-Net2；（h）HG-Net8；（i）LKM；（j）RefineNet；（k）PSPNet；（l）MGRNet

图 6.20　合成图分割结果

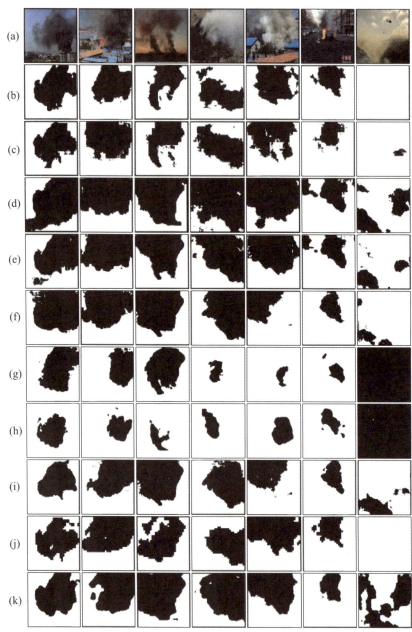

（a）测试图；（b）SMD；（c）TBFCN；（d）LRN；（e）Deeplab v1；（f）HG-Net2；
（g）HG-Net8；（h）LKM；（i）RefineNet；（j）PSPNet；（k）MGRNet

图 6.21　真实图分割结果

2. 真实视频实验结果对比

图 6.22 中显示了所有对比方法在真实烟雾视频上的分割效果图。我们选取了两个烟雾视频中烟雾目标差别较大的三帧图像，以充分说明提出的方法在烟雾分割上的健壮性。通过观察所有预测结果可以发现，所有方法在黑烟视频上的预测结果均优于白烟视频，其原因已经在前文中进行了分析。而对比其他方法，MGRNet 在所有视频帧上都取得了最优的预测性能，且当烟雾目标出现不显著性或混淆类问题时，其优势更加明显。如黑烟视频第二帧图像，左上角部分的烟雾与背景非常相似，大部分对比方法都将其判断为背景；而对于白烟视频，很多对比方法不仅出现了漏判现象，还出现了将背景判别为烟雾的误判现象。

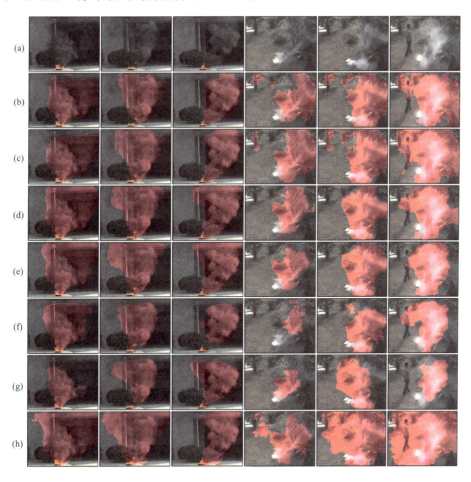

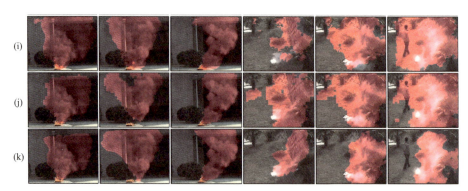

（a）测试图；（b）SMD；（c）TBFCN；（d）LRN；（e）Deeplab v1；（f）HG-Net2；
（g）HG-Net8；（h）LKM；（i）RefineNet；（j）PSPNet；（k）MGRNet

图 6.22　真实烟雾视频分割结果

　　采用和前面一样的方法，我们得到了四个视频基于语义分割结果的烟雾检测结果，同样将其与 LBP_LBPV 和 Toreyin 方法进行对比，实验结果如表 6.5 所示。可以发现 MGRNet 在四个视频上都获得了令人满意的检测结果，在两个烟雾视频的第一帧就成功检测出烟雾，避免了烟雾报警延迟的情况；在两个非烟雾视频上也都没有出现将非烟雾目标分割为烟雾目标的现象。

表 6.5　各种方法在烟雾视频上的检测结果

视频	视频中帧的数量	LBP_LBPV		Toreyin 方法	MGRNet
黑烟	517	首次检测到烟雾的帧的编号	89	164	1
白烟	2 886		94	216	1
树叶	895	误报警的数量	0	0	0
篮球场	4 536		1	4	0

6.9　类间相似性分析

　　对于同样能有效解决类间相似性问题的 PSPNet 和 MGRNet，我们有针对性地选取了一些具有挑战性的图像进行可视化效果对比，结果如图 6.23 所示。我们发现对于第 1、2 列的样本，PSPNet 出现了一些误分割，而 MGRNet 很好地避免了这个情况，这主要得益于 MGRNet 在这两个样本上的分类概率分别为 $1.01 \times e^{-5}$ 和 0.087 1，帮助网络非常好地避免了将其分割为烟雾的可能性。对于同时出现了烟雾、云、雾的样本，如图中第 3、4 列，MGRNet 的分割效果也要明显优于 PSPNet，尤其是第 4 列样本，由于图像中的烟雾和雾太过相似，且重合在一起，导致 PSPNet 完全没有识别出其中的烟雾，出现了非常严重的漏分割情况，而 MGRNet 对该样本的分类概率为 0.735 4，因此其分割结果基本完全受分割分支控制。此外，第 3、4 列样本的分割结果还从侧面证明了 MGRNet 的分割分支在类间相似性问题上要优于 PSPNet。最后，对于前面方法出现的误分割情况，MGRNet 有了很大的提升，如图中第 2、6、7 列样本，MGRNet 对其分类概率分别为 0.087 1，0.396 4，$2.7 \times e^{-5}$ 以及 $1.7 \times e^{-6}$，因此在分类分支的帮助下使得 MGRNet 对这些样本的误分割率均为 0。

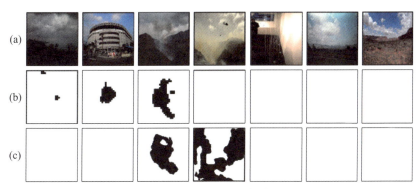

（a）测试图；（b）PSPNet；（c）MGRNet。

图 6.23　一些存在类似相似性问题的示例

6.10　野外场景火灾监控测试

6.10.1　数据集和实验环境

基于全监督的烟雾语义分割面临的最大困难在于缺少充足的可标记训练数据。尽管我们可以比较容易地获取大量的烟雾图像，但是由于烟雾目标特有的模糊边缘和透明属性，采用人工方式标注的 Ground Truth 是非常耗时、困难的。为了解决这个问题，我们采用计算机图形学方法生成大量合成烟雾图，其主要是基于流体力学 N-S 方程模拟生成大量烟雾，并进一步合成了具有准确语义标注的大样本烟雾数据集。实验证明该数据集能够有效反映烟雾特征，基于此数据集的模型在真实烟雾上能够取得较好的效果。

本次测试的数据为云南省电力科学研究院提供的真实输电线线塔摄像头拍摄的图像，以及网络收集的森林火灾图像。由于真实情况火灾发生概率低，线塔摄像头拍摄的图像基本上没有火灾。互联网收集的火灾图像场景、远近、光照等差异性非常大。因此，本报告采用了在虚拟烟雾数据集上训练、在真实烟雾图像上测试的模式，挑战难度巨大。

6.10.2　测试的图像场景与测试指标

本轮针对烟雾分割网络测试的图像，采用了发生在不同场景下的烟雾真实图像，如森林、工厂等，如图 6.24、6.25 所示为不同场景测试效果。

（a）真实森林或野外火灾图　　　（b）像素级别预测图　　　（c）图像级别报警

图 6.24　无电力设施的场景测试效果

（a）真实森林或野外火灾图　　　（b）像素级别预测图　　　（c）图像级别报警

图 6.25　存在电力设施的场景测试效果

在真实森林火灾或野外火灾图像（见图 6.24 和 6.25）上，本轮功能测试的具体测试项分为两种：① 整体判断图像中是否存在烟雾；② 准确定位烟雾发生的像素级别位置，此外并给出烟雾的一个包围盒。表 6.6 给出了测试结果，图像级别的准确率可以很容易计算出来。然而，由于真实图像没有标注信息，因此无法计算像素级别的准确率，只根据可视化的比对结果，给出定性分析结果。

表 6.6　森林或野外真实火灾测试结果

图像级火灾报警率	像素级分割准确率
92%	较准确

第 7 章　基于多源卫星数据及地面监控数据的立体化协同防山火预警机制研究

7.1　概　述

山火的发生具有覆盖面广，随机性、突发性强等特点，容易造成输电线路跳闸故障，导致电网结构失衡，降低供电可靠性，甚至导致大范围线路输电中断，造成大面积地区突然停电的事故，给电网安全稳定运行带来极大威胁。

云南省地处云贵高原地区，地形复杂，植被类型丰富，包括森林、草原和灌丛等，其中，云南省的森林面积较大，使森林火灾成为山火发生的主要形式。此外，云南省气候多样，有亚热带、高原和山地气候等多种类型，在每年 10 月至次年 5 月都是云南省的干季，干旱的气象条件为山火的发生提供了有利条件。丰富的植被覆盖、干旱的气候和人为活动等因素导致云南省山火频发，严重威胁电网的安全运行，尤其是同塔、同走廊、重要交叉跨越等区域。

针对云南省输电线路山火点多、覆盖面广且监测预警时限性要求极高的特点，一般通过卫星遥感和地面视频监控等自动化手段进行山火监测。但这两种手段均存在各自优缺点，单一手段无法对山火进行有效监测，因此需要建立更为行之有效的山火监测体系。

本研究针对云南省山火有效性监测的需求，在基于机器学习的多源卫星遥感影像薄云提取方法研究、基于深度学习的多源卫星遥感数据的输电线路山火监测和预警方法研究和基于深度学习的视频监控山火智能识别方法研究的基础上，开展基于多源卫星数据与地面监控数据立体协同机制研究，建立多源卫星数据与地面监控协同山火防控系统模型，实现卫星监测和山火视频监测之间的协同印证功能，且时间不超过 9 min，提高云南省山火监测的有效性。

7.2 基于多源卫星数据及地面监控数据的立体化协同防山火预警机制

山火是危及电网安全运行的严重灾害。电网发生山火时，处置时限性要求极高，为提升电网山火的处置效率，构建"多源卫星与视频协同的山火立体防治体系"（见图 7.1）：利用遥感技术大范围高频次监测优势，对卫星遥感火点自动识别系统输出的遥感火点监测信息与视频监控图像识别系统输出的火点位置信息进行协同印证，增强山火监测预警的可靠性。同时，当火点位置受云层遮挡时，卫星难以进行有效山火监测和计算，视频监测可作为有效山火监测的补充。

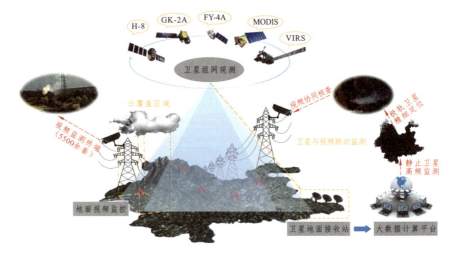

图 7.1　技术示意图

基于多源卫星数据及地面监控数据的立体化协同防山火预警机制技术流程如图 7.2 所示，该机制以多源卫星组网观测和卫星与视频联动两部分为主。

1. 多源卫星组网观测

静止卫星具有高时间分辨率优势，能够及时发现火灾，但对于火势较小的火灾敏感性不足。极轨卫星具有高空间分辨率优势，对部分火势较小的火灾相对静止卫星更敏感，但重访周期较长，不利于火灾的及时有效发现。因此，一方面，三颗静止卫星组网观测，能避免单颗卫星由于系统误差、数据失效以及定标异常等原因带来的监测异常，有效提高火点监测可信度；另一方面，静止+极轨卫星组网观测能够优势互补，实现部分火灾及时有效地被发现，同时部分小范围火灾也能在极轨过境时段内被发现，有效提高卫星遥感对线路周边火灾监测的敏感度，进一步降低火灾对电网安全稳定运行带来的影响。

2. 卫星与视频联动

（1）晴空天气下，多源卫星组网大范围全天候监测，一旦发现火点，立即调用对应区域视频监控设备，对卫星监测火点进行复核。

（2）当卫星受云遮挡干扰较大时，基于卫星云图提取云覆盖区域，调用该区域内视频监控设备密切监测山火，通过降低云覆盖区域视频监控阈值，提高视频监控山火检出率。

（3）针对以烟雾为主的山火事件，卫星监测灵敏度较低，可发挥视频监控的图像识别优势，监测烟雾型小范围燃烧山火。

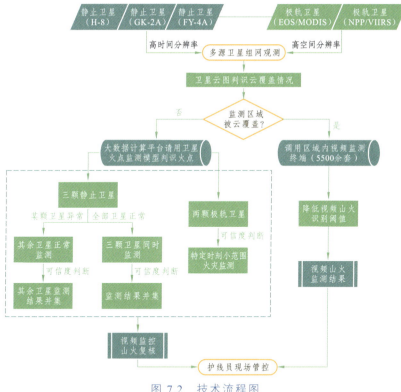

图 7.2　技术流程图

注：极轨卫星过境时间一般为 10:30 和 22:30 左右（Terra-MODIS）、1:30 和 13:30 左右（NPP-VIIRS 和 Aqua-MODIS），三颗静止卫星可信度判断方法：① 三颗卫星同时监测到同一个位置，标记可信度为高；② 两颗卫星同时监测到同一个位置，标记可信度为中；③ 仅有单颗卫星监测到位置，标记可信度为低。

输电线路山火立体协同监测系统功能架构如图 7.3 所示。

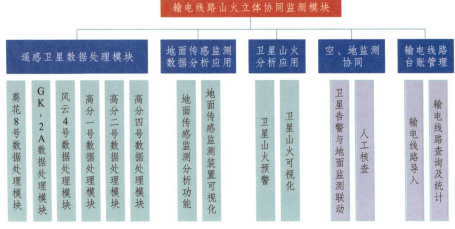

图 7.3　输电线路山火立体协同监测模块

7.2.1　项目逻辑架构

整个系统架构从逻辑上分为基础设施层（IAAS 层）、数据层（DAAS 层）、平台层（PAAS 层）和应用层（SAAS 层），以及标准与规范体系和信息安全体系。系统软件设计采用分层架构技术，以通用性、稳定性定层次，同一层次以功能划分，以上层服务为导向，逐级设计，逐步细化平台组件的颗粒度。

1. 基础设施层（IAAS 层）

基础设施层包括支撑软件和支撑硬件。基础设施层提供系统的网络设施、服务器设施、存储设施、安全设施、输入/输出设施等，也包括保障这些硬件设施正常运行的基础软件环境（如操作系统等）。基础设施层构成系统的软硬件设施基础，保证数据的安全存储、高效管理和快速传输，也为整个软件系统提供安全、高效和稳定的运行环境。

2. 数据层（DAAS 层）

数据层包括实景三维数据、基础地理数据和专题数据集。实景三维和基础地理数据是数据层的核心。实景影像公共基础数据由航空三维实景、地面全景、真正射影像、数字表面模型和卫星正射影像等组成，构成对城市表面完整、真实的表达，支撑各种业务应用的需要。基础地理数据包括地理空间数据、卫星影像数据和航空影像数据集合。专题数据集是不同业务系统应用的数据集合。专题数据是动态变化的数据，且是总体趋势不断增多的数据，主要包括人口、法人、地名地址、道路、建筑、部件、系统业务数据等。

3. 平台层（PAAS 层）

平台层主要由服务体系、平台功能和引擎管理系统构成。基于大规模时空数据，在高并发情况下，保证平台的稳定性、兼容性、开放性。性能和服务能力是平台层需要解决的主要问题。平台层主要功能包括：

① 提供一套基础工具的标准接口以便其他应用进行调用；

② 提供一套全面的用户操作管理记录与追踪；

③ 提供对公共基础数据及业务数据的管理；

④ 提供对用户及权限的管理。

4. 应用层（SAAS 层）

应用层是直接与用户交互的系统功能层，根据各规划部门用户需求的不同来构建和开发不同的应用。该层建立在平台层支撑软件基础之上，集成提供满足用户层需求的业务功能，使得整个系统更易用、更人性化。

7.2.2　设计思路

输电线路山火预警监测系统建设采用实用、成熟的技术方法进行开发设计，考虑多源数据间的逻辑联系及系统的功能需求、持续发展、维护管理与数据更新等方面的要求，结合当今计算机网络技术、地理信息系统（GIS）技术、软件工程技术、空间数据库技术的最新发展，通过基于 GIS 系统下的功能定制开发，满足系统性能稳定、功能实用的用户要求。

7.2.3　技术架构

1. 总体技术架构

输电线路山火立体协同监测系统各组成系统的技术特点和职责有较大差异，但每个组成系统都要遵循 MVC（模型-视图-控制器）架构模式和 SOA 面向服务架构，并运用 Web Service 技术实现前后端数据的交互和展示。总体技术框架如图 7.4 所示。

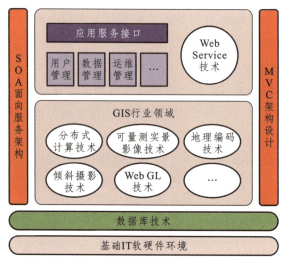

图 7.4　总体技术框架图

2. MVC 架构模式

本研究的各组成系统遵循 MVC（Model View Controller）架构设计模式，该模式主要应用于图形化用户界面（GUI）应用程序。MVC 由 Model（模型）、View（视图）及 Controller（控制器）三部分组成，如图 7.5 所示。MVC 是一种软件设计典范，用一种业务逻辑、数据、界面显示分离的方法组织代码，将业务逻辑聚集到一个部件里面，在改进和个性化定制界面及用户围绕数据的交互的同时，不需要重新编写业务逻辑。MVC 被独特地发展起来用于映射传统的输入、处理和输出功能在一个逻辑的图形化用户界面的结构中。

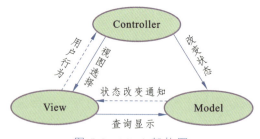

图 7.5　MVC 架构图

视图：视图是用户看到并与之交互的界面。MVC 的好处是它能为应用程序处理很多不同的视图。在视图中其实没有真正的处理发生，而不管这些数据是联机存储的还是一个数据列表。作为视图来讲，它只是一种输出数据并允许用户操纵的方式。

模型：模型表示数据对象和业务规则。在 MVC 的三个部件中，模型拥有最多的处理任务，例如，它可以用 EJBs 和 ColdFusion Components 等构件对象来处理数据库。模型返回的数据是中立的，也就是说模型与数据格式无关，这样一个模型能为多个视图提供数据。由于应用于模型的代码只需写一次就可以被多个视图重用，所以减少了代码的重复性编写。

控制器：控制器接受用户的输入并调用模型和视图去完成用户的需求。当单击 Web 页面中的超链接和发送 HTML 表单时，控制器本身不输出任何东西和做任何处理，它只是接收请求并决定调用哪个模型构件去处理请求，然后再确定用哪个视图来显示返回的数据。

3. 面向服务架构

SOA（Service Oriented Architecture，面向服务的结构）是一种分布式系统的架构设计方法和模型，其基本思想是将软件系统的功能或资源以服务形式开放，系统间的交互通过服务调用的方式来完成。它可以根据需求通过网络对松散耦合的粗粒度应用组件进行分布式部署、组合和使用。服务层是 SOA 的基础，可以直接被应用调用，从而有效控制系统中与软件代理交互的人为依赖性。

SOA 是一种粗粒度、松耦合服务架构，服务之间通过简单、精确定义接口进行通信，不涉及底层编程接口和通信模型。SOA 可以看作是 B/S 模型、XML/Web Service 技术之后的自然延伸。

服务接口采用中立的方式定义，不依赖具体的硬件、操作系统和编程语言，其服务调用可以采用统一和通用的方式。目前常见的服务有 SOAP 类型 Web Service（简称 Web Service）和 Rest 服务。Web Service 接口用 WSDL（Web Services Definition Language，Web 服务描述语言）来定义，具有服务自描述性，定义严格，互通性好。Web Service 技术已经很成熟，被各平台和编程语言所广泛支持。Rest 服务并不是什么规范或协议，只是一种基于 Http 协议实现资源操作的思想，可以直接传递 JSON 或 XML 格式数据，具有灵活和轻量的特性。

SOA 将能够帮助软件工程师们站在一个新的高度理解企业级架构中的各种组件的开发、部署形式，它将帮助企业系统架构者以更迅速、更可靠、更具重用性架构整个业务系统。较之以往，以 SOA 架构的系统能够更加从容地面对业务的急剧变化。

4. Web Service 技术

Web Service 技术能使得运行在不同机器上的不同应用无须借助附加的、专门的第三方软件或硬件，就可相互交换数据或进行集成。依据 Web Service 规范实施的应用之间，无论它们所使用的语言、平台或内部协议是什么，都可以相互交换数据。Web Service 是自描述、自包含的可用网络模块，可以执行具体的业务功能。Web Service 也很容易部署，因为它们基于一些常规的产业标准以及已有的一些技术，如标准通用标记语言下的子集 XML、HTTP。Web Service 减少了应用接口的花费。Web Service 为整个企业甚至多个组织之间的业务流程的集成提供了一个通用机制。

Web Service 接收从 Internet 上的其他系统中传递过来的请求，为其他系统提供服务，是一种轻量级的独立的通信技术。通过 Web Service 技术，开发 Web Service 应用程序，通过对外提供通过 Web 进行调用的 API，为访问客户提供相应的服务，实现不同系统之间跨平台的互操作。

本平台采用 Web Service 技术，实现了 Web 端对平台数据的访问和平台功能的使用。借助 Web Service 技术，实现了平台的应用开发服务接口，支撑实现平台的跨平台服务能力，使得其他应用系统方便调用平台开发接口，满足为 PC 端用户提供二、三维地图服务和其他数据服务的需求。

综上所述，输电线路山火立体协同监测系统为政府部门、企事业单位、公众服务提供应用支撑服务，为目标用户提供数据服务、接口服务、功能服务、知识服务及计算存储服务。如图 7.6 所示，各职能部门可以根据各自的信息化程度、GIS 信息化建设程度以及应用系统的实际需求，通过与平台对接，有针对性地选择相应的信息服务并集成到应用中，避免信息资源的重复开发建设，让各职能部门可以专注于各业务应用的开发，从而充分发挥输电线路山火立体协同监测系统依托基础设施为用户提供应用支撑作用。

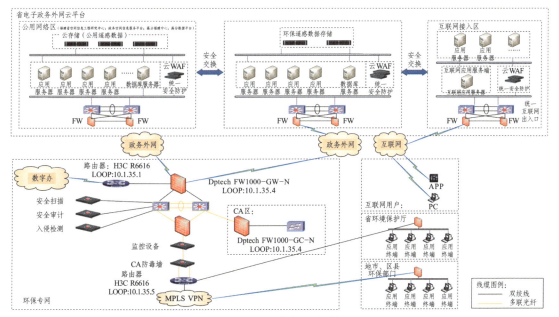

图 7.6　项目网络部署架构

7.2.4　数据建模原则

1. 既继承又创新

数据模型将会对原有系统中使用较为成熟的部分进行集成，一方面有利于提高系统成功的几率，另一方面也方便于数据的移植；在集成的基础上，对原有系统中不成熟的部分将针对原有数据模型存在的问题进行重新设计。既继承又创新的数据模型设计原则，是数据模型设计成功的保障。

2. 数据的完整性和一致性

本次开发将对原有系统数据模型进行整合，一方面从数据模型层面保证数据的完整性和一致性，另一方面消除原有数据的一个个信息孤岛，提供查询、统计、分析等业务管理服务。在系统建设数据建模时，需要对系统数据模型进行整体规划。基于主平台数据模型进行整合。主平台数据模型从根本上保证数据的一致性，它规定了数据的标准。其他子系统将使用这些数据标准，在各个子系统建设过程中，形成了每一个部分相对独立完整的数据模型。整体上的规划从通用性数据模型、专用型数据模型、数据等各个层次保证了数据的完整性和一致性。

3. 数据模型的标准化

数据建模过程中，采用标准的数据建模工具，遵循数据模型的建设标准，使用国际、国家等数据标准，对于数据接口也采用标准的数据接口标准。这些标准的实施，一方面可以提高系统数据模型建设的整体水平，另一方面也有利于信息系统和国际接轨。

4. 数据的可移植性

数据的移植是系统数据模型建设需要考虑的一个重要问题。一方面我们对原有系统的成熟数据模型进行集成，以便于进行数据移植；另一方面，对于新数据模型，会建立新旧数据模型之间的映射关系，并消除中间产生的数据冲突。

7.2.5 可视化与用户界面设计

1. 可视化设计

要避免为了展示而展示，排版布局、图标选用等应该服务于业务，所以数据可视化设计要在充分了解业务需求的基础上进行，要解决具体的问题去达成既定的目标。先总览细节，为了避免用户迷失，可视化数据要有焦点、有主次，可以通过对比呈现核心的数据，再逐级浏览细节内容。

2. 用户界面设计

本研究对于用户操作来说，越容易、越简便越好，在系统的编制过程中，本研究将体现以人为本的友好操作页面，根据登录人的不同，根据权限的不同，对每个人的操作都能做到定制，方便操作人的操作和管理；用户可采用证书登录和账户登录。同时系统采用同步和异步两种方式进行数据的交互：异步操作可以使用户更加方便地在页面操作过程中和数据库中的数据进行交互；同步操作可以使用户提交页面时实时地对提交的内容进行查看和修改。

3. 具体页面设计

打开浏览器，输入系统地址，打开系统登录首页，输入用户名和密码进行登录。

通过山火立体监测概览当日山火情况，提供各供电局天空地山火分布情况、各线路山火详情、跳闸详情、输电线路台账。

中心区域为云南省地图，左侧为视频、卫星、空地及线路台账功能模块，右侧为当日全省视频山火数量及跳闸同比，地图下为当日视频山火详情列表。

通过点击地图火点信息，可显示当前火点的视频装置的视频和图片，在下方的

列表右侧可进行按供电局和各千伏线路匹配对应的线路信息。

中心区域为云南省地图，地图展示卫星山火线路及火点，左侧为视频、卫星、空地及线路台账功能模块，右侧为当日全省卫星山火数量及跳闸同比，地图下为当日卫星山火详情列表。

通过点击地图火点信息，可显示当前火点详情，在下方的列表右侧可进行按供电局查询具体的卫星山火详情列表。

中心区域为云南省地图，左侧为视频、卫星、空地及线路台账功能模块，右侧为当日全省视频山火、卫星山火数量、人工核对山火、动态山火风险、重点关注线路、山火跳闸线路、跳闸同比，地图下为当日卫星山火详情列表。

通过点击视频山火、卫星山火数量、人工核对山火、动态山火风险、重点关注线路、山火跳闸线路，将在下方展示对应的具体线路列表信息。

在逻辑设计基础上，设计并确定主数据库的物理存储结构、数据库存储物理设计、数据库索引设计等几个方面内容。物理设计应考虑现有硬件资源和基础支撑软件环境，充分利用旧的基础上进行优化设计。

参考文献

［1］ 朱家诺，张金玲，陈静，等. 森林火灾对云南省松和滇油杉的影响初探[J]. 中国林业产业，2023(10)：75-77.

［2］ 吴颜奎，张占忠，王海波，等. 云南省森林覆盖率变化趋势研究——以"十三五"期间森林资源变化为例[J]. 林业调查规划，2022，47(04)：138-143.

［3］ 何雨芩，徐虹，程晋昕. 云南省林火时空分布特征分析[J]. 中南林业科技大学学报，2017，37(05)：36-41.

［4］ 周游，隋三义，陈洁，等，基于 Himawari-8 静止气象卫星的输电线路山火监测与告警技术[J]. 高电压技术，2020，46(07)：2561-2569.

［5］ 陆佳政，吴传平，杨莉，等，输电线路山火监测预警系统的研究及应用[J]. 电力系统保护与控制，2014，42(16)：89-95.

［6］ Hally B ，Wallace L ，Id K ，et al. remote sensing estimating fire background temperature at a geostationary scale-an evaluation of contextual methods for ahi-8[J]. 2019.

［7］ Kegelmeyer Jr W P. Extraction of cloud statistics from whole sky imaging cameras[R]. Sandia National Lab.(SNL-CA)，Livermore，CA (United States)，1994.

［8］ [8]刘希，许健民，杜秉玉. 用双通道动态阈值对 GMS-5 图像进行自动云识别[J].应用气象学报，2005(04):434-444.

［9］ 高军，王恺，田晓宇，陈建. 基于 BP 神经网络的风云四号遥感图像云识别算法[J].红外与毫米波学报，2018，37(04)：477-485.

［10］ Jeppesen J H，Jacobsen R H，Inceoglu F，et al. A cloud detection algorithm for satellite imagery based on deep learning[J]. Remote sensing of environment，2019，229：247-259.

[11]　Yu J, Li Y, Zheng X, et al. An effective cloud detection method for Gaofen-5 images via deep learning[J]. Remote Sensing，2020，12(13)：2106.

[12]　A Machine Learning-based Cloud Detection Algorithm for the Himawari-8 Spectral Image[J]. Advances in Atmospheric Sciences，2021:1-14.

[13]　Wang C ,Platnick S, Meyer K ，et al. A machine-learning-based cloud detection and thermodynamic-phase classification algorithm using passive spectral observations[J]. Atmospheric Measurement Techniques，2020，13(5):2257-2277.

[14]　Giglio L，Descloitres J ，Justice C O ，et al. An Enhanced Contextual Fire Detection Algorithm for MODIS[J]. Remote Sensing of Environment，2003，87(2-3):273-282.

[15]　周小成，汪小钦. EOS-MODIS 数据林火识别算法的验证和改进[J]. 遥感技术与应用，2006，21(3):6.

[16]　周永宝，韩惠. 基于遥感数据的森林火灾监测研究概述[J]. 测绘与空间地理信息，2014，37(3):3.

[17]　Dozier J . A method for satellite identification of surface temperature fields of subpixel resolution[J]. Remote Sensing of Environment ，1981，11(none):221-229.

[18]　MD Flannigan，Haar T . Forest fire monitoring using NOAA satellite AVHRR[J]. Canadian Journal of Forest Research，1986，16(5):975-982.

[19]　Barnes W L ，Xiong X ，Salomonson V V . Status of terra MODIS and aqua modis[J]. Advances in Space Research，2003，32(11):2099-2106.

[20]　朱亚静，邢立新，潘军，等. 短波红外遥感高温地物目标识别方法研究[J]. 遥感信息，2011(6)：5.

[21]　李家国，顾行发，余涛. 澳大利亚东南部森林山火 HJ 卫星遥感监测[J]. 北京航空航天大学学报，2010(10)：4.

[22]　覃先林，张子辉，李增元. 一种利用 HJ-1B 红外相机数据自动识别林火的方法[J]. 遥感技术与应用，2010(5)：7.

[23]　傅天驹，郑嫦娥，田野，等. 复杂背景下基于深度卷积神经网络的森林火

灾识别[J]. 计算机与现代化，2016 (3)：52-57.

[24] 严云洋，朱晓妤，刘以安，等. 基于 Faster R-CNN 模型的火焰检测[J]. 南京师大学报：自然科学版，2018，41(3)：1-5.

[25] 任嘉锋，熊卫华，吴之昊，等. 基于改进 YOLOv3 的火灾检测与识别[J]. 计算机系统应用，2019，28(12)：171-176.

[26] 高丰伟，魏维，程阳. 野外早期火灾烟雾视频检测技术研究[J]. 成都信息工程大学学报，2018，33(5)：509-516.

[27] 冯嘉良，朱定局，廖丽华. 基于多尺度空洞卷积自编码神经网络的森林烟火监测[J]. 计算机与数字工程，2019，47(12)：3142-3148.

[28] 王飞. 基于深度学习的森林火灾识别检测系统的研究与实现[D]. 成都：电子科技大学，2020.

[29] 张倩，周平平，王公堂，等. 基于合成图像的 FasterR-CNN 森林火灾烟雾检测[J]. 山东师范大学学报：自然科学版，2019，34(2)：180-185.

[30] 富雅捷，张宏立. 基于迁移学习的卷积神经网络森林火灾检测方法[J]. 激光与光电子学进展，2020，57(4)：041010.

[31] 胡勤，陈琛，刘敏. 一种基于动态纹理的烟雾和火焰检测方法[J]. 消防科学与技术，2014，33(6)：667-669.

[32] 蔡春兵，吴翠平，徐鲲鹏. 基于深度学习的视频火焰识别方法[J]. 信息技术与网络安全，2020，39(12)：44-51.